進化するエンジン技術

課題克服のための発想と展開

井坂義治

グランプリ出版

はじめに

　自動車用エンジンといえば、今日でも主流はガソリンエンジンとディーゼルエンジンになっています。しかしながら、2015年以降は主に欧州の政治的思惑や議論によって、EV（電気自動車）への転換が主流になるように方向づけられているように思います。そのような流れの中でエンジンは「時代遅れ」であるかのような世論も多くあります。

　EVという選択肢は、カーボンニュートラルのための手段であって目的ではないわけです。EVにすれば脱炭素問題が解決するなどという簡単なものではありません。その時のムードに流されてEVが良さそうに思えても、しっかりした技術的な裏付けがないと間違った方向性を選択することになります。このことは、政治的な思惑があってのことなのはもちろんですが、世界の自動車メーカーのすべてがEVに突き進んでいるわけではありません。多くの自動車メーカーではエンジンの熱効率向上への取り組みが続けられています。

　エンジンの役割は燃焼室内で燃料をどのように燃焼して、どのように動力として取り出すかに尽きますが、その大きなポイントが燃焼以前のガス組成の制御ができるかどうかです。それができるのが4サイクルエンジンです。

　エンジンはこれまで、動力源としての機能である出力向上はもちろん、排気ガス対応や燃費改善が続けられてきました。そこにどのような課題や技術的な意味があったのか、これまでの様々な技術についてふり返り、取り上げて見てみることで、新たな見方や知見を提供できると思いました。

　自動車は多くの人に馴染みがありますが、二輪車や携帯型エンジン商品となると、エンジンが動力の商品であっても、比較的馴染みが少ない方が多いと思います。それぞれ、用途によって求められるエンジン技術は必ずしも自動車と同じではありません。しかし、これまで自動車用エンジン以外についてはあまり説明されてきていないように思います。

　そのため本書では、自動車用の4サイクルエンジンだけでなく、2サイクルエンジンや携帯型エンジン、さらに空冷エンジンや高速型エンジンの技術についても説明しています。

　自動車エンジンより小型だから、二輪車や携帯型エンジンの技術が低いというわけではありません。用途や目的が違えば技術課題も異なるということです。そのため、これらあまり知られていない分野のエンジンについても、どのような狙いで開発されたのかなど技術開発の歴史を知ることは、エンジンに興味を持つ人にとって有用ではないかと考えます。

例えば、趣味性の高い乗り物用エンジンは「静かで速い」だけでなく「楽しさ」も求められます。乗り物としての楽しさを演出するためのエンジンの要件は、燃費や排気ガスだけではないのです。

　このように用途が異なればエンジンに求められる要件は異なります。それをどのような技術で解決してきたか、多くの人が知っているようなありきたりでない、"そうだったのか"と思ってもらえる説明内容とすることを心掛けました。

　技術を進化させるのは、商品として魅力を高めて市場に受け入れてもらうためです。新しい技術によって商品の魅力で先行できると市場で優位に立てます。市場で受け入れてもらうための課題はユーザー個人の満足のためのものから、社会的な課題を解決するためのものまで様々です。その中でエンジンの技術進化の占める役目は大きかったわけです。それらをどのように解決するかが技術で、新たな考え方で先行すると優位に立てます。しかし、競合相手は別のやり方を提案してきます。すると、新たな技術的課題が生じ、そのために開発された多くの技術が集中します。それが技術開発の変遷となります。それらの変遷の中から、主な技術を取り上げて説明しています。

　今日のエンジンは搭載された商品の扱いやすさや快適さ、信頼性など、ユーザーの従来からの評価指標に加えて、社会的課題となっている燃費改善、即ちカーボンニュートラル実現のためのCO_2削減が焦眉の急となっています。そのため、これについてもできる限り理解してもらえるように説明しています。

　技術には流れがあります。いきなり全く新しい技術が出現するわけではありません。何事も従来の技術をベースにしたものです。そのため、かつての代表的な技術から説明して、流れで理解できるようにしました。具体的には、エンジンが新たな課題を突き付けられたのは排気ガス対策の時代からであるので、それ以降のエンジン技術についても説明しています。

　また、売れた商品は技術も評価されますが、売れないためにその技術が評価されないこともままあります。技術的に優れているかどうかは、商品として売れたかどうかとは関係ありません。時代によって受け入れられる技術と、残念ながらそうでない技術があります。優れた技術であってもあまり知られていない技術も多くあります。それらについてもできるだけ取り上げています。

　単なる技術解説でなく、当たり前に使われている技術が、多くの方に"そういうことだったのか"と認識していただけることを目指しました。エンジンに関心のある方に満足していただければ幸いです。

目　次

第Ⅰ章
エンジンは生き残れるか

‖ 1. 自動車用エンジンをとりまく現状
‖ ～環境対応車＝EVではない～

　地球温暖化対策としてパリ条約に定めた国際的な枠組みとして、2020年12月に政府は「2050年カーボンニュートラルに伴うグリーン成長戦略」を決定しました。原発依存を減らす再生可能エネルギーの導入や省エネルギー技術の導入による、国を挙げてのエネルギー転換プログラムです。産業構造の大転換が起きることも予想され、すそ野の広い自動車産業に大きな影響が出ることが心配されます。何より、カーボンニュートラル＝電気自動車(EV)と理解したメディアの伝え方もあったと思いますが、少なからぬ動揺がありました。

　EVは走行時のCO_2排出量がゼロであるため優れた環境対応車と考えられますが、その電気を作るため発電時にはCO_2が排出されます。火力発電の割合が多いとCO_2も多くなるので再生可能エネルギーの発電促進が必要となります。EVが増えれば問題は大きくなります。自動車業界だけの問題とはならなくなります。

　世界エネルギー機関が2017年に自動車のドライブトレインに関する技術普及のシナリオを示しましたが、それには2040年にEVは15％、燃料電池自動車(FCV)は1％、プラグインハイブリッド車(PHEV)及びハイブリッド車(HEV)が残りの80％以上となっています。エンジン付き電動車

が当分は主流であり続けるということです。

　HEVでは、燃料製造のためのCO_2排出量と走行時のCO_2排出量の割合は約２対８とされており、エンジンの熱効率向上がCO_2削減に大きく寄与してきます。乗用車用のガソリンエンジンは飛躍的に熱効率が上がってきており、実際に40%を超えるレベルのものが商品となってきています。少し前には考えられなかったレベルです。HEV用に限定すると、冷間時や低負荷領域はモーターに任せ、エンジンの得意な領域だけの運転とすることができるので、さらなる熱効率の向上を目指すことが可能です。

　HEVを最初に本格的に商品化したのはトヨタです。しかし、海外のメーカーからは本格的なHEVが商品化されませんでした。なぜか。それは品質的にもコスト的にも同等以上のものができなかったからにすぎません。トヨタと同等の機能を出せるコストに見合ったものができなかったということです。そのため、欧州車ではガソリン車はダウンサイジングでお茶を濁し、ディーゼルで対抗する戦略をとりました。

　しかし、ますます強化される排出ガス規制、CO_2規制への対応に、つなぎとしてガソリン車の48Vマイルドハイブリッド車（MHEV）化による電動化を進めていましたが、HEVには対抗できるものでなく、燃料電池車（FCV）でも日本に先を越され、EVに賭けざるを得なくなってきたわけです。しかし、そこには再生可能エネルギーで発電を賄う比率の高い国の多い欧州が、自国に有利なルールを設定して世界に認めさせて、日本車を

図表 1-1　初代トヨタプリウス（1997 年）

追い落とす戦略が透けて見えます。そして、欧州委員会は2021年7月に、2035年までに走行中におけるCO_2排出量を100%削減すると発表し、HEVやPHEVを含めたエンジン車の販売を禁止するとしました。EVはカーボンニュートラルを達成するための手段に過ぎないわけですが、政治的な思惑でEVが目的であるかのように優先されている状況です。2021年11月の国連気候変動枠組み条約第26回締約国会議(COP26)で、2040年までに新車販売をEVだけにすると20ヵ国が合意したと発表されましたが、それは自動車産業がないか少ない国であって、日本や米国、中国、ドイツなど主要国は一方的な合意に向けては不参加としています。

かつて、「世界はEVに舵を切っている、日本はいつまでもHEVに重点を置いていては、かつての携帯電話機のようにガラパゴス化して世界から取り残されるぞ」と、多くの識者やメディアで取り上げられたことがありました。しかし、EVで航続距離を伸ばそうとすると電池の搭載量が増えて価格と重量が増加して、商品力が低下してきます。現状でもエンジン車よりも重量が大きく「バッテリ運搬車」ともいえます。充電時間も長く、急速充電といっても30分を要し電池の寿命も短くなります。多くの急速充電設備では30分ルールが適用され、満充電にならなくても一旦充電を終了させられ、CHAdeMO(急速充電規格名)での充電出力では100%充電できないともいわれています。さらにリチウムイオン電池は氷点下になるほど内部抵抗が増加し電池容量が低下します。北海道の多くの運転者が、燃料の残量指針が2／3以下になると満タンにする、という話がありますから、EV車では電欠の心配はもっと大きいのではと想像します。

日本にはストロングハイブリッド車で、リーダーとしての技術を有している複数のメーカーがあるからこそ、いきなりEVに舵を切らなければならないリスクを避けられるわけです。EVはカーボンニュートラルのための一つの手段であって、他に手段がないわけではありません。本当にEVがガソリン車並みに普及すると、充電による夜間の電力で発電所が足りなくなり電力網がパンクするともいわれています。充電ステーションの整備

だけでこと足りるわけではありません。実際に社会への影響はまだ見えないままのEV化では、HEVや水素を燃料とする動力源などを揃えておく必要があります。壮大な社会実験では失敗する場合もあるはずです。その場合に備えて欧州の一部のメーカーでは水素活用の開発を進めたり、e-fuel（水素とCO_2の合成燃料）を用いたHEVの開発を進めているようです。

‖ 2．今後のガソリンエンジンは
～EVと同じ土俵での評価が目標～

　ガソリンエンジン車で日本に勝てないと見た中国は、将来を見て自動車の競争を優位にしようと、国家戦略として新エネルギー車(NEV)規制を設けてEVを優遇しました。CO_2削減を名目にHEVをNEVから除外し、自国を大きなEV市場とするとともにEV技術で主導権を握る戦略でした。しかし、航続距離の短さなどから期待したほど市場が伸びず、そこにトヨタがHEV技術を無償開放したのを機にHEVを環境対応車と認めるようになりました。再生可能エネルギーによる発電割合が欧州レベルにはない中国政府が、将来にもHEVを現実的な解決策と理解しEVにつながる技術を取得してEV技術の強化を目指していることは明らかです。

　当初、HEVはEVへのつなぎ技術としてしか評価されない時期もありました。減速エネルギーを回収して低速時にモーター走行するだけでは、それほど燃費が向上するわけはないという理解でした。実際にはガソリンエンジン車では到底無理なHEVの燃費向上の実績によって、将来も必要な技術という認識になってきています。そして、CO_2の長期的な削減に対してEVと同じ指標での目標を掲げて改良が続けられています。CO_2排出量を同じとしたときにEVと選択を可能とできるようにという目標です。そのためにエンジンのさらなる熱効率向上や車両の軽量化に加え、CASEのコネクテッドや自動運転は燃費向上に期待できると考えられています。

　CASEとは、コネクテッド(Connected)、自動運転(Autonomous/Automated)、シェアード＆サービス(Shared & Services)、電動化(Electric)の4つの頭文

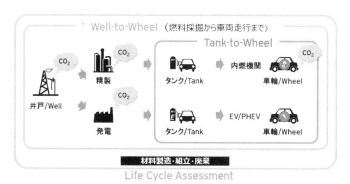

図表 1-2　Well-to-Wheel の概念図

字を取ったもので、100年に一度といわれる技術大変革競争として、2020年代の自動車産業に求められる開発テーマを表す言葉となっています。

　実用性を考えた時に、今後まだエンジンは進化していくことが期待されており、50%超を目指した正味熱効率向上のために自動車内燃機関技術研究組合では、理論熱効率の向上や摩擦損失の低減など、CO_2排出量をWell-to-Wheel（1次エネルギーの採掘から走行まで）でEV並みにする挑戦が続けられています。

　そもそも、燃料として化石燃料を用いなければエンジンからのCO_2排出は問題ないわけです。これまで自動車用エンジンでは化石燃料である液体燃料の優位性が叫ばれてきましたが、CO_2削減の大命題のもと、水素を燃料とするエンジンや、e-Fuelなども実用化に向けて研究されています。もちろん、水素を作る電力は再生可能エネルギーからであることが前提です。

3．生き残るためにエンジンは進化した
　〜試練を乗り越えることの連続〜

　これまでも自動車のエンジンにはいろいろな試練が課されてきました。かつて1970年代の米国のマスキー法に代表される排気ガス規制は代表的な課題の一つでした（マフラーからの排気ガス以外にも、燃料タンクから

の蒸発ガス、クランクケースからのブローバイガスについても規制がされ
ましたが、最も厳しく対策が困難な規制は排気ガス規制であったため、以
降、排気ガスと呼ぶことにします。広く、製造段階を含めた走行時のCO₂
の話などとなると、排出ガスと呼ぶことにします)。この規制はそれまで
の走行性能や信頼性を目指してきた技術開発と全く異なる技術対応を余儀
なくさせられる衝撃的なものでした。5万マイル走行後の排出ガスレベル
の保証を求める規制値レベルは、それまで求められてきた技術にない新た
な分野の技術を必要とするものでした。エンジン改良だけでは到底及ぶも
のでなく、排気ガス後処理のための触媒の装着が必要となりました。その
触媒を作用させるために必要な燃料と空気の精密な制御のために、キャブ
レターに替わり燃料噴射装置の採用が必要となりました。キャブレターで
は長期間にわたり精密な流量精度を保証することができません。また、触
媒保護のために失火をなくすことが必要で、そのために点火装置も無接
点式の電子制御進角式が採用されるようになり、さらにディストリビュー
ターと高圧コードを用いるものから、1983年頃から**図表1-3**に示すような
各点火プラグに1個ずつ点火コイルを装着するダイレクト点火システムが
使われるようになりました。スパークプラグも10万キロ程度は無交換で

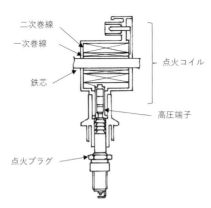

二次巻線
一次巻線
点火コイル
鉄芯
高圧端子
点火プラグ

図表 1-3　点火プラグに直接点火コイルを備えた点火装置

すむ長寿命のものとなりました。そして、経時劣化に対応するため噴射燃料のフィードバック制御も行われ、さらに触媒を使うために燃料から鉛を除去した無鉛ガソリンに変更されたのです。触媒の被毒を防ぐため、ガソリン性状の改質が必要になり、石油業界も巻き込んだ対応を要することとなり、こうして触媒を用いた排気ガス低減システムが実現できるようになったのです。

　このように、それまでは機械と電気の技術で良かったものが、化学や電子制御などの新たな技術に加えて、長期的な信頼性保証が求められるようになりました。大幅な開発項目の増加に伴い開発の仕方も大きく変わらざるを得なかったわけです。

　その後、全地球的な観点から長期的なCO_2削減が求められるようになって、燃費改善が急務となりました。かつて３リッターカーという言葉がありました。100キロの距離を走るのに３リッターの燃料で済むクルマということです。当時この目標レベルはただ走るだけの、走行性能や快適性を考えない実験車でしか実現できない、実用化できるとは思えない高いレベルの燃費目標でした。何と、それが2020年発売のHEVの４代目トヨタヤリスで実現されています。しかも、当時にはなかった衝突安全性のための重量増加に加え、エアコンやパワーステアリング、パワーウィンドウなどを装備しているのです。原動機系の改善だけでなく駆動系の効率向上や車両の軽量化など、全般にわたっての努力の結果なのはもちろんです。

図表 1-4　４代目トヨタヤリス（2020 年）

使用時の燃費の評価はkm/ℓですが、技術的には単位出力×時間あたりに消費する燃料質量で表される燃料消費率bで比較するのが一般的です。

$b = (3.6 \times 10^6)/(Hu \times \eta)$

　　b：燃料消費率　g/kWh

　　Hu：低発熱量　kJ/kg

　　η：熱効率

　熱効率という評価もされるようになりましたが、燃料消費率とは逆相関関係にあり、**図表1-5**に示すように熱効率が40%を超えてくると1％上げるには大幅な燃料消費率の改善が必要で、とても困難なことになってきます。ここでの熱効率とは正味熱効率を示しています。

　燃費を改善するための因子を**図表1-6**に示します。燃料の持つ熱量をどれだけ仕事として取り出せるかということで、効率をいかに向上するかと損失をいかに減らすかに尽きます。今日のエンジンは圧縮比向上を可能とする直噴技術や、膨張比向上などのエンジン本体の高効率化技術が採用されており、その進化には目を見張るばかりです。それに加えて表面処理技術や潤滑オイルなども含めて低摩擦化が進展し、実用化できるか疑問視さ

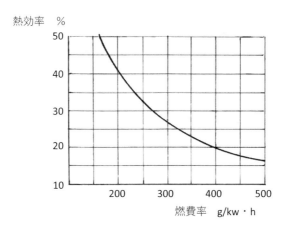

図表 1-5　燃料消費率と熱効率

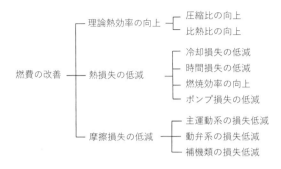

図表 1-6　燃費改善に影響を及ぼす因子

れていた超希薄燃焼エンジンも、世界に先駆けてマツダから商品化されました。

　排気ガスも燃費も規制値をクリアしないと商品として売ることができないわけです。生き残るために否応なく対応せざるを得なかったわけですが、結果、商品としての自動車は魅力が増したものとなりました。排気ガス対策をした結果として、自動車は運転しやすくなり燃費も改善され信頼性も向上しました。電子制御など進化した技術が織り込まれたことによっ

図表 1-7　マツダ SKYACTIV-X エンジン

て商品としての魅力を向上させる結果になったわけです。

　例えば雪の降る寒い季節でも確実にエンジンを始動でき、そしてすぐ走行できます。新車だからといってエンジンに負担をかけないように特にていねいな扱いが求められるわけでもありません。「暖機運転」や「慣らし運転」という言葉はとうに死語になりました。排気ガス対策の結果です。長期間にわたって排気ガス値を保証するために信頼性も大きく向上しました。具体的には走行距離が以前より延びても故障や劣化を感じることなく乗れるようになったわけで、買い替えまでの期間が延びました。

　EVは走行時のCO_2がゼロですが、エンジンは排気ガスではマイナスエミッションレベルにもなっているものもあります。大気よりも清浄な排気ガスレベルを実現しているということです。

　排気ガス対策は馬力の向上などと違って、ユーザーが効果を直接に感じられるものでありません。従ってかつては商品力にならないと販売サイドから否定的に受け取られていたものですが、実際には商品の魅力が大きく向上したわけです。そしてCO_2削減のための技術によって燃費が向上する、ユーザーにとっての具体的なメリットが得られています。

4．そして4サイクルエンジンが残った
～解決できない課題がないのが長所～

　どこでシフトアップするのか分からなくなるようなロータリーエンジンの高回転での滑らかな回転は、感動的ともいえるほど、とても魅力的なものでした。また、お尻がずれて振り落とされそうになる2サイクルエンジンの2次曲線的に盛り上がってくる加速は虜になるものでした。このような乗り物としての楽しさを感じるのにエンジンは大きな役割を果たします。残念ながら今日ではどちらも新型車では体験できなくなりました。残っているのは4サイクルエンジンだけです。

　では、4サイクルエンジンは優れているから生き残ったのでしょうか。そうではありません。重大な欠点がなかったから残れたのだと考えます。

ここでいう重大な欠点とは、どうにもならない根本的に解決できない課題ということです。

　まず、ロータリーエンジンの課題は、カネをばら撒きながら走っていると揶揄されたように燃費が良くないことです。それは熱効率が高くないからで、根本の原因は燃焼室の表面積が大きいため、冷却損失が増えてしまうことです。上死点での燃焼室は球形状に近くできれば表面積が小さくできることはもちろんです。それを目指しているのですが、ロータリーエンジンの燃焼室は上死点で扁平な形状となっています。側面から見ても長方形であり、大きな表面積を有することになる形状です。そのため、燃焼室壁から熱エネルギーが逃げてしまうことによって熱効率が下がってしまうわけです。構造的に燃費が良くならないものだということがわかります。

　さらに、回転によって燃焼室が移動するために、燃焼室の進み側と遅れ側とで混合気の濃淡が発生し、燃焼室の隅部分の燃え残りが発生するため、燃焼効率が改善しにくい、即ち未燃率が低減しにくい問題もあります。そのため、HCが多くなります。

　これは構造の上からどうにもならない問題です。普通のレシプロエンジンで例えると、極端に大きなシリンダ内径(ボア)に対して短いピストン行程(ストローク)を持つ仕様であると考えたら理解しやすいと思います。ですから高圧縮比は実現できません。ディーゼル化は不可能です。

　次に、2サイクルエンジンの課題は排気ガスの問題で、特にHCが低減できないことです。2サイクルエンジンの排気ガスの臭いをご存知でしょうか。完全燃焼すれば臭いはありませんが、なんともいえない燃料の臭いがありました。大量のHCによるものです。

　2サイクルのHCの多い原因、それは掃気行程を持つためです。掃気というシリンダ内の既燃ガスを新気によって押し出してガス交換する行程があるために、ガスが混ざり合って新気が排気と一緒にシリンダ内から抜け出てしまう、吹き抜けという現象が発生するためです。4サイクルのHCは主に燃焼室壁面などのわずかな燃え残り燃料が原因ですが、2サイクル

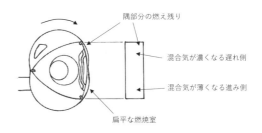

隅部分の燃え残り

混合気が濃くなる遅れ側

混合気が薄くなる進み側

扁平な燃焼室

図表 1-8　マツダロータリー
エンジン

図表 1-9　ロータリーエンジンの燃焼室

では吹き抜けによって燃料を含んだ新気が、一部とはいえそのまま排出されてしまうわけです。そのためHC排出量が4サイクルとは桁違いに増えてしまいます。

　触媒で後処理するにしても、高濃度のHCによって触媒温度が高温となるため劣化しやすくなります。それより何より、常温から冷機始動して、排気ガスによって触媒の温度が上がって浄化できるようになるまでの間に排出される未浄化のHCによって、排出規制値をオーバーしてしまうほどです。これではそもそも対応できません。

　ロータリーエンジンも2サイクルエンジンも、乗り物のエンジンとして優れた長所を持ちながら、構造的に解決できない課題を有しているために消えてしまったわけです。そのようなどうにもならない重大な課題がなかったから4サイクルエンジンが生き残っているのです。

　かつて、4サイクルエンジンはカムで作動するバルブがあることが高回転化のための障害であるとか、そもそもエンジンは1サイクルごとの瞬間的な間欠燃焼だから排気ガス対策が困難なのだとかいわれた時がありました。実際にはそれらは致命的な課題ではなかったばかりか、それによって乗り物の動力源としての確実で応答性の良い作動が得られる、優れた特性を持っていたわけです。

5．結局はガソリンもディーゼルも同じ
～行きつくところは燃焼の問題～

　HEVに対抗できないため、欧州車ではガソリン車はダウンサイジングでお茶を濁し、ディーゼル車で対抗する戦略を採ってきたと説明しました。HEVの欧州での高速走行ではモーターのアシストはなく、ガソリンエンジンでの走行となるため燃費の優位が得られないと見て、ディーゼルに活路を見出そうとしたわけです。それでも乗用車用としてのディーゼルエンジンが退潮してしまっています。それは排気ガス処理のための触媒コストが大幅に上昇して競争力が低下したためです。それには排気ガス処理システムのコスト上昇を、法律違反を犯してまで抑えたかった欧州メーカーによる原因も大きいですが、さらにHEVがエンジン改良によって高速走行でもディーゼルと同等な燃費となり、スポーティな走行ができる魅力的な味付けができるようになって、商品的にも欧州市場に認められてきたためです。電動化によるコストを抑える低減努力を真面目に続けて、ディーゼルとの競争力を高めてきたからであるのはもちろんです。

　HEVのエンジンは、エンジンの不得意なアイドリングを含めた低回転、低負荷領域は基本的に運転しなくて済みます。モーターに任せれば良いからです。とはいっても、高速走行時などはエンジンで走行する場面が増えますから、エンジンの燃費改善が重要です。燃費を良くするには回転を上げずに運転することが基本です。そのためにはエンジンの低速トルクを上げることが必要になってきます。

　これまでディーゼルエンジンは圧縮比が高くて低速トルクが大きく、燃費は良いものの最高回転数は低いために馬力は低く、うるさく重い大型のエンジンというイメージでした。

　ガソリンエンジンはというと、小型軽量化や高回転化が可能なため馬力が出せ、アクセルに対する回転レスポンスが良いので運転が楽しめるエンジンというイメージだったと思います。

　しかし、今日ではディーゼルエンジンもガソリンエンジンも圧縮による

着火か点火による燃焼かという違いはあるにしても、似たような特性になってきています。自動車用ディーゼルエンジンの圧縮比は排気ガス低減のために低下し、ガソリンエンジンの圧縮比は燃費改善のために上げられ、さらに低回転での余裕ある走行を可能とするため低速トルクを上げることが優先されて、最高回転数は下がってきていて、結果的にはガソリンエンジンもディーゼルエンジンに似た出力特性となってきています。仕様的にはガソリンエンジンもディーゼルエンジンのように、燃焼室に燃料を噴射するものが一般的になっています。もはや、ディーゼルだからガソリンだからという従来の単純な区別は適当でなくなってきている状況です。

　ディーゼルエンジンもガソリンエンジンも、熱効率と排気ガスという二律背反の問題を解決することは同じです。ディーゼルエンジンは圧縮比が高く設定されていましたから、上死点付近の高温・高圧の状態で燃料を噴射すると燃料と空気が混ざる前に燃料表面で着火して、高温でNO_Xが、酸素不足によってPMが発生します。そのため、上死点以降で燃料を噴射して排気ガス発生量を抑える方法が採られているものもあります。しかしこれは、吸入行程で得た吸気流動が減衰した状態で噴射するわけですから、燃料と空気の混合が行われにくくなります。

　このように、発生する問題は燃焼に関わることであって、それを対策していくと結果的にディーゼルもガソリンも同じような方向に収束してきているということです。今日ではいずれも動力源としての役目を持って生き残っていますが、今後の進化の方向は環境対応であることはもちろんです。

‖ 6．排気ガス特性と清浄化
　　～排気ガス対策のためのコストが競争力～

　石油系燃料は炭素と水素の混合物であり、完全燃焼すると二酸化炭素（CO_2）と水（H_2O）との、人体には無害な物質が生成されます。しかしどうしても燃焼室の燃焼の過程で一部有害物質が生成され、排出されることで環境問題の原因となります。

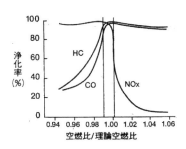

図表 1-10　三元触媒の効率

　一般的には一酸化炭素(CO)、炭化水素(HC)、窒素酸化物(NO_X)、粒子状物質(PM)などです。COとHCは酸化するとCO_2になります。CO_2は人体には直接的な害はなくても地球温暖化の要因であるという問題もあります。本来、CO_2は地球上ではわずかな割合です。

　燃料と空気を混合して完全燃焼させればCOとHCは減らせますが、燃焼温度が上がることによってNO_Xが増加することになります。

　ガソリンエンジンでは、三元触媒によってCO、HCの酸化とNO_Xの還元を同時に行うことができます。それには、**図表1-10**に示すような理論空燃比に近いごく狭い範囲で噴射量を制御することが必要となるために、酸素センサーを用いたフィードバックを行う電子制御式燃料噴射システムが採用されています。ガソリンエンジンは気化した燃料が燃焼するため、これまで上記3成分の対策で十分でした。排気ガスは大気よりも清浄といわれるほどのレベルです。しかし、直接燃料噴射エンジンではガソリンエンジンでもPMが排出される問題が生じています。さらなる排気ガス浄化に向けて、エンジン始動後の触媒が十分活性する温度になるまでの間に排出される排気をどのように低減するかなどの問題解決が求められています。

　ディーゼルエンジンではガソリンエンジンと異なり、噴射された燃料液滴が燃焼するため、液滴の表面から燃え始めて内部は酸欠となってPMとなる煤が発生します。PMを低減するため燃焼を良くしようとすると温度が上がってNO_Xが増加するトレードオフの関係になります。

蓄圧式コモンレールシステムによって、ディーゼルの制御自由度が高まり、大きく進化しました。コモンレールによる超高圧での噴射による微細化と、**図表1-11**に示すようにメイン噴射前後に複数回の噴射を行う多段噴射によって、排気ガス、燃費、騒音などいろいろな効果を得ることができるようになったわけです。

　早期のパイロット噴射により燃料を均一希薄化し煤を低減します。プレ噴射によって燃焼騒音を低減し、メイン噴射では高圧の微粒化によりPMを低減するとともに燃費を改善します。後噴射では再燃焼によって残ったPMを低減し、ポスト噴射で排気ガス温度を上げて後処理制御を可能としています。

　プレ噴射による火炎によりメイン噴射の着火が早期に起こり、予混合燃焼が低減して燃焼圧力の急激な上昇を抑えることによって燃焼騒音が低減できます。このように、運転条件に合わせて噴射条件を変えて総合的に排気ガスを低減しています。しかしながら、一部とはいえプレ噴射での燃焼によって酸素が使われてメイン噴射の燃焼が悪化するため、煤やPMが増大します。そのため、さらなる噴射圧力の高圧化が進められてきました。

　ただ、コモンレール式だけでは不十分で後処理が不可欠です。システムとしては、酸化触媒＋DPF（Diesel Particulate Filter）＋SCR（Selective Catalytic Reduction）触媒方式が主流になってきています。DPFは煤を多

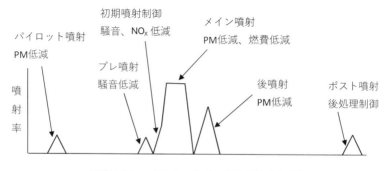

図表 1-11　コモンレール式の多段噴射イメージ

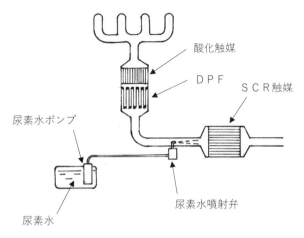

酸化触媒
DPF
SCR触媒
尿素水ポンプ
尿素水噴射弁
尿素水

図表 1-12　DPF と尿素 SCR による後処理システム

孔質のフィルターで捕集して、定期的に燃焼・除去させるものです。SCR
触媒は尿素水を用いたNO_X触媒です。尿素によってアンモニアを生成し、
NO_XをN_2に還元するという手法です。ガソリンエンジンに比べてシステ
ムが複雑となり、コストも上がります。

　もともとディーゼルエンジンは燃料噴射装置などでコストの高いエンジ
ンとなっていますが、そこに排気ガス対策によるコストも加わります。そ
のため、ガソリンエンジンと競合する小型エンジン分野では競争力が得ら
れにくく、今後さらに強化される排気ガス規制によって、用いられるのは
経済性が求められる大型エンジン分野だけになると考えられます。

‖ 7．特性を活かさないと生き残れない
　　　　　〜政治的思惑では結局残れない〜

　ところで、前記のようにディーゼルエンジンは圧縮比が高く、最高回転
数は低いために馬力は低く、燃費は良いが重い大型のエンジンといいまし
た。実際にバス、トラックを始めとして建機から舶用などの主に仕事用に
使われる大型のエンジンはディーゼルです。仕事に使うためには経済性が

優先されますから、長期間使うためにランニングコストとして燃費はもちろん、エンジンの寿命が大事になります。初期のエンジンのコストを補う、安い燃料ですむ燃料費と長期間使える耐久性が重視されてディーゼルエンジンが使われているわけです。

　では、そもそもディーゼルエンジンは長期間使える耐久性を持っているエンジンなのでしょうか。モーターのように滑らかに、という形容詞がありますが、ディーゼルエンジンは圧縮比が高いために衝撃的な荷重が大きくなり、回転数も低いことから滑らかさとは逆の回転になります。ぎくしゃくした回転では摩耗などには不利になるため耐久性は上げにくくなります。事実、内燃機関の本にディーゼルエンジンは耐久性が高いエンジンであると書かれている本はありません。では、なぜディーゼルエンジンは仕事の動力源として使われる耐久性があるエンジンと思われているのでしょうか。

　答えは耐久性を持たせるための設計をしているからです。高い圧縮比でぎくしゃく回る回転を滑らかにするには大きなフライホイールか必要になりますから、スロットルに応じた俊敏な回転レスポンスは無理です。ディーゼルエンジンとしては低速トルクが大きいため低回転で使用でき、回転数の変化が少なく安い燃料が使える特性を活かすことが必須で、それには仕事用として耐久性を持たせたエンジンとすることが必要だったのです。それがディーゼルエンジンの生き残る道で、長所を活かさないと生き残れません。ディーゼルエンジンはガソリンエンジンではできない大型にできる優位性を活かした用途に活路があるわけです。

　いつの時代でも長所を活かすことは売れる商品コンセプトの基本です。かつて、1962年（昭和37年）にいすゞから発売されたベレルというクルマがありました。量販されたディーゼル乗用車です。当時の日本では自家用車などまだ高嶺の花で、庶民にはとても手の届かないものでした。そこにいすゞ得意のディーゼルエンジンによる、量販ディーゼル乗用車として登場したものです。しかし自家用車としては販売が伸びず、ディーゼルエン

図表 1-13　いすゞベレル 2000 ディーゼル（1962 年）

ジンの経済性からタクシー会社で導入されたものの、ディーゼルの音や振動は一日中乗るタクシー運転手からも敬遠されて、モデルチェンジすることなく市場から消えてしまったクルマです。乗用車にはガソリンが常識だったところに、自社の得意技術であるディーゼルを持ち込んで経済性を売りにしたものの、ディーゼルの特性が当時の乗用車のニーズと合っていなかったために魅力を訴えられなかった一例といえます。

　時代は過ぎて、欧州のメーカーは日本のHEVにディーゼルエンジンで対抗したわけですが、経済性だけでなく環境性の点からの規制対応がさらに求められるようになります。乗用車用として対応が難しくなり、排気ガス後処理対策によるコストアップを避けるため、ドイツメーカーが規制逃れの法律違反を犯したことも大きなダメージとなりました。

　特性を活かして時代のニーズに対応することが生き残るために必須ですが、特性を活かすために欠点を克服できるかどうかもまた、生き残るポイントになります。

第Ⅱ章
もっと知るエンジン作動特性

　いまさら、教科書的にエンジンの作動について説明しようというわけではありません。4サイクルエンジンが生き残ったのには理由があるわけですから、ここからは作動特性からエンジンの持って生まれた特徴を整理してみます。

1. シリンダ内のガス組成はこんなに違う
～同じエンジンでも作動特性で燃焼の仕方は異なる～

　エンジンはシリンダ内に供給する燃料の量によって出力を制御します。正確には発生する熱エネルギーに比例するということです。シリンダの中に燃料と空気を入れて燃焼させますが、その時のシリンダ内のガス組成には大きな違いがあります。

　4サイクルガソリンエンジンは、排気行程でシリンダ内の既燃ガスを押し出した後、続く吸気行程で新気を吸入します。シリンダ内に何もない状態から新気を吸入するわけです。細かくいうと、燃焼室内には排気できない残留ガスがありますが、圧縮比分の量ですから問題にはならないと考えると、ピストンの下降によってスロットルバルブで絞られて吸気バルブを経て流入する新気だけがシリンダ内に存在することになります。スロットルを大きく開くと行程容積分の新気が吸入されますが、スロットルの部分開度では開度に見合った量の新気が吸入されます。このように、シリンダ

内には燃焼する量の新気だけが存在するのが4サイクルエンジンの特徴です。

　続いてピストンが上昇することで新気を圧縮するわけですが、圧縮上死点近くの点火前の圧縮圧力は新気の量によって違ってきます。スロットルの部分開度では吸気バルブが閉じて圧縮開始する時の圧力も大気圧以下です。ピストンが上昇して圧縮しても、新気量が少ないので点火前の圧力も高くなりません。この状態で点火するので部分開度では緩慢な燃焼になります。

　スロットル開度によって圧縮圧力が変化するので燃焼速度が違ってくるうえ、回転数によっても吸気の流入速度が違ってくるため、運転条件によって最適な点火時期が変化します。スロットルを閉じた部分開度の低回転状態では緩慢な燃焼となるため、点火時期を進める必要があります。回転数やスロットル開度によって、最もトルクの得られる最適点火時期は変化します。

　スロットル高開度の低回転では圧縮圧力が上がり、燃焼室周囲からの加熱で新気の温度が上がり、点火プラグからの燃焼が進むと、未燃部分が圧縮圧力によってさらに温度が上がることで過早着火してしまうため、ノッキングが発生しやすくなります。ディーゼルのような大きなボアの1気筒当たり大型のガソリンエンジンが成立できないのはこのためです。

　2サイクルガソリンエンジンでは、ピストンが下降して排気ポートが開くと既燃ガスが排出されて、シリンダ内の圧力が低下します。その後、掃

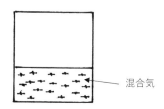

混合気

図表2-1　4サイクルガソリンエンジンのシリンダ内模式図

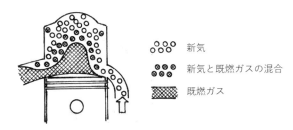

新気

新気と既燃ガスの混合

既燃ガス

図表 2-2　掃気過程の概念

気ポートから圧縮された新気が流入することによって既燃ガスを追い出し
て新気と置換します。掃気という行程です。シリンダ内に存在するガスの
総量は常に一定で、残留ガスに対する新気の割合が多いか少ないかが異な
ります。スロットル開度によってガスの割合、即ち混合気の質を変化させ
ているのが2サイクルエンジンの特徴です。

　掃気の過程が解明されているわけではないですが、**図表2-2**のようであ
ると考えられています。新気がシリンダ内に流れ込むと、既燃ガスを押し
出します。その時に既燃ガスと新気との境界では速度の違いによって渦が
発生して混合します。その状態で一部は排気ポートに逃げていく「吹き抜
け」と呼ばれる現象が発生します。ピストンが上昇して排気ポートが閉じ
るまで、シリンダ内のガスを排気ポートに押し出すのでこの間で大きな吹
き抜けを発生します。静的にはシリンダ内には排気ポートが閉じられた時
の容積のガスしか残っていないわけです。

　このように、掃気行程から逃れられないのが2サイクルエンジンの宿命
です。排気ポートが上昇するピストンで閉じられてから圧縮が始まりま
すが、定性的には、どのような状態でもこの時のガス総量は一定だからで
す。そのため、スロットル開度に関わらず点火前の圧縮圧力は同じになり
ます。

　スロットル部分開度時の低負荷でも、高い圧縮圧力に加え高温の残留ガ
スによって点火前の温度が上がりますから、大量の残留ガスの中に少ない
新気量という、燃焼しにくい状態でも燃焼が行われます。

このように、４サイクルエンジンでは燃焼不可能な大量残留ガス割合の状態でも、２サイクルエンジンが運転できている要因の一つには点火前の温度があります。そのため２サイクルエンジンはスロットル開度や回転数などの運転条件が変化しても、一定の点火時期でも支障なく運転できる、アバウトで構わない特徴があります。細かいことはいわなくても２サイクルエンジンは回るのです。別の言い方をすれば、２サイクルエンジンはとても優れたエンジンであるともいえます。

　４サイクルディーゼルエンジンはというと、スロットルなしであるため吸入する空気量は常に行程容積分であり、高圧縮することによって燃焼室内を高温・高圧の状態にして噴射した燃料に着火し燃焼させています。燃料が噴射されてから気化、拡散、自己着火、燃焼という過程が非常に短い時間で行われるわけです。ガソリンエンジンのように混合した燃料を燃やすわけではないので、噴射された燃料が空気と十分混ざり合うだけの時間がなく不均一な混合気となります。吸入する空気量は一定なので、負荷に応じて燃料の割合を変化させることによって出力を調整しているのがディーゼルエンジンの特徴です。そのため燃焼には必要ない過剰な空気が運転条件によらず常にあるわけで、常に希薄燃焼の状態で運転されます。

　即ち、吸入した空気が燃焼に使われない割合があるので供給できる燃料が少なく、１サイクル当たりの熱発生量、つまりトルクが小さくなります。しかし、低回転でもトルクが出せるので低速トルクに優れたエンジンとな

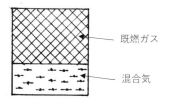

図表 2-3　２サイクルガソリンエンジンのシリンダ内模式図

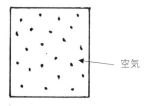

図表 2-4　４サイクルディーゼルエンジンのシリンダ内模式図

ります。機械的な構造上の理由で高速は得意でありません。同じ排気量の
ガソリンエンジンと比べて、爆発圧力は高いのに出力が低い理由の一つで
す。噴射した燃料を短時間に燃焼させるために空気との接触が燃焼速度に
影響しますから、噴霧する燃料粒を微細にし、空気に積極的に流動を与え
るなどが行われてきています。

　４サイクルも２サイクルも、ガソリンエンジンはガソリンと空気の混合
気を燃焼します。これまで燃焼室には新気が吸入されるといいましたが、
自動車用エンジンでは燃焼室に燃料を噴射する直噴が多くなってきていま
すから、吸入するのは空気だけです。ですから新気というのは適当でない
かも知れませんが、点火する前には圧縮によってガソリンが気化して空気
と均一に混合しているのが理想ですから、吸気ポートから燃料を噴射する
場合と点火前は同じですので新気といっています。

　ここでは定性的な作動特性について説明しました。燃料の量によって出
力を制御するのが同じなのはもちろんですが、燃焼の仕方に影響するシ
リンダ内のガス組成はそれぞれ大きく違っているわけです。排気ガスや熱
効率は元を追求すれば燃焼に行きつくわけで、そこが各エンジンの特徴に
なっているのですが、それがシリンダ内のガス組成にあるということです。

‖２．ポイントは低温での急速燃焼
　　　〜どうやって燃焼させるか〜

　排気ガスを改善しながら燃費を良くしようと、競って燃焼改善が行われ
てきました。

　４サイクルエンジンはシリンダ内には新気だけですから、燃焼を良くし
ようとすると燃焼温度が上がってNO_Xが増えてしまいます。燃焼の良い
エンジンはNO_Xが多くなってしまうわけです。

　ですから、速く燃焼させながら燃焼温度を上がらないようにすることが
求められます。そのため、EGR(Exhaust Gas Recirculation)が採用されま
した。排気ガスを吸気に再吸入させるわけですから、燃焼室内に比熱の大

きなCO_2が加わることで、燃焼温度を下げてNO_Xを低減することができます。燃焼温度が低下すると燃焼室やシリンダ壁面から逃げる熱量が下がり、冷却損失が低減するので熱効率が上がります。排気ガスを再吸入することによりポンプ損失が低減する熱効率改善の効果もあります。

　ただ、CO_2は不活性ガスですから、それによって燃焼しにくくなって不完全燃焼することになるとCOやHCが増えますから、燃焼改善をすることが必要となります。着火不安定や燃焼が遅れると圧力変動が大きくなって運転が不安定になります。このため吸気流動の強化や、2点点火による点火エネルギーの強化などが行われてきました。

　理論空燃比よりも希薄にした混合気を用いると燃費が改善されます。EGRと同様の効果です。燃焼しにくいリーン混合気を安定して燃焼させるためには、EGRと同様に吸気流動や点火エネルギーの強化などの手段を用いて急速燃焼させることが必要です。

（1）吸気流動強化

　点火前の混合気に流動を発生させると燃焼が速くなることは以前から知られていました。排気ガス規制が実施され始めた初期の時期には、それまでよりも薄い空燃比を設定することが必要となり、それほど希薄とはいえないレベルであっても、燃焼不安定を改善するためにいろいろな吸気流動の発生方法が採用されてきました。

　吸気ポートをシリンダの中心からずらして吸気が流入するようにすると、シリンダ内を旋回する回転を起こす流れが発生します。スワールと呼ばれる流動です。

　吸気バルブと排気バルブを結んで、吸気ポートと排気ポートがシリンダ中心に一直線に並んでいたそれまでの配置から、**図表2-5**に示したようなものが適用されました。吸気バルブを偏心させた上で吸気ポートを曲げてシリンダ壁面に沿うように流入させるようにしたものがハイスワールと呼ばれるポート形状です。吸気バルブ上部の吸入通路に渦巻部を設け、吸入混合気が旋回しながらシリンダ内に流入するようにしたものがヘリカル

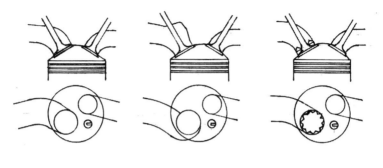

ハイスワールポート　　　　ヘリカルポート　　　　　スロートベーン

図表 2-5　スワールを生成する吸気ポート

ポートです。また、吸気ポート出口部分に配置されたスロートベーンに
よって、吸気に旋回流を与えることも行われました。

　吸気の流速は回転数とスロットル開度によって違ってきます。燃焼室内
に流動を発生する必要があるのは低回転低負荷の領域です。吸気の流速が
遅いと燃焼室内の流動が低下するために、燃焼が悪化するのを防ぐことが
必要だからです。しかし、ポートの形状によって流動を強めると高回転高
負荷の運転領域の流動も大きくなります。必要以上の流動は燃焼を荒くし
て急激な圧力上昇によって燃焼騒音などを発生します。また、流動を与え
るためにポートの抵抗が増えることから出力が得にくくなります。

　そのため、ポートを曲げるだけでなくスロットル低開度時に積極的にス
ワールを発生させることが考えられました。最初に吸気ポートの一部を塞
ぐようなスワールコントロールバルブを設けて、流速を上げるとともに片
側に吸気を流すことによってスワールを発生するようにしたものが用いら
れました。**図表2-6**に示すものです。

　キャブレターのプライマリー側通路から連なる吸気通路をセカンダリー
側と隔壁で仕切って、低負荷時の吸気流の速度を上げて燃焼室内に流入さ
せるようにしたものが**図表2-7**に示したものです。Ｖ型エンジンへの適用
例が示されています。ウェッジ型燃焼室で、吸排気バルブが並んで配置さ

れた構成ですから、吸気ポートが燃焼室中心と偏心しているため、吸気流速を上げると燃焼室内の流動を強化することができます。(特開昭47-1504)

　また、**図表2-8**に示す、低開度時に吸気通路を開閉弁によって締め切って、吸気ポート中心からずらした小径の副吸気通路から流速を上げて吸気を流すことによって、スロットル低開度時に強いスワールを発生させるようになったものがありました。(特開昭54-47027)

　燃焼室の側壁に近い吸気ポートの周縁部から流入させるために、**図表2-9**のようなフラッパ型のスロットルバルブで低開度時の吸気を片側に寄

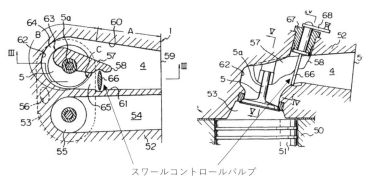

図表 2-6　スワールコントロールバルブ (トヨタ)

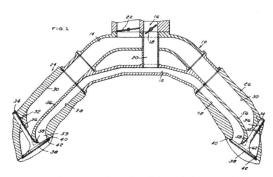

図表 2-7　吸気通路の仕切り壁 (フォード)

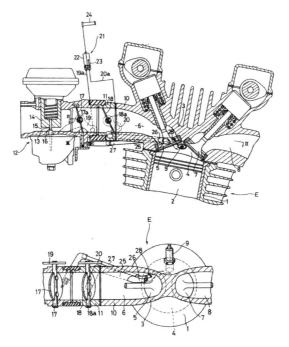

図表 2-8　副吸気通路方式（ヤマハ）

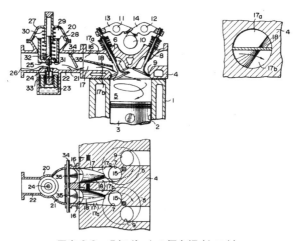

図表 2-9　吸気ポートの偏向板（トヨタ）

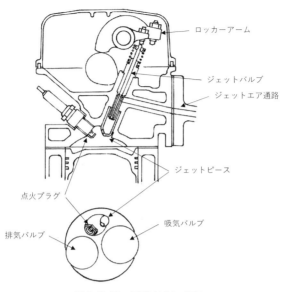

ロッカーアーム

ジェットバルブ

ジェットエア通路

ジェットピース

点火プラグ

排気バルブ

吸気バルブ

図表 2-10　三菱 MCA-JET

せて、吸気ポート内の偏向ガイド板を捩ることによってシリンダ中心から離れた側の燃焼室に流入するようにしたものも提案されています。（特開昭55-40277）

　さらに、燃焼室内に強い噴流を発生させるための特別な小型バルブを設けたものがありました。**図表2-10**に示すもので、低負荷時の空気流動が弱い領域において、小型バルブから吸入された空気を点火プラグの方向に向けて噴出させて、燃焼室内を攪拌させるものです。三菱の排気ガス対策技術をMCA（Mitsubishi Clean Air）と呼びましたが、1977年のMCA-JETは、希薄混合気にEGRを導入しながら安定した運転を可能とし、酸化触媒を組み合わせたものでした。キャブレターから供給されるのは均一混合気ですから、速く燃焼させるために燃焼室内に噴流によって流動を発生させるというものです。ランサー1200やギャランを始め、全車種に採用されたものです。

　後にシリンダ内を旋回するスワールでなく、吸気によってシリンダ内に

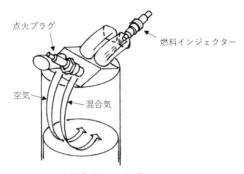

点火プラグ

燃料インジェクター

空気

混合気

図表 2-11　三菱 MVV

縦方向に回転する流れができることから、これが注目されるようになりました。タンブルと呼ばれる流動です。吸気バルブの傘をかすめて排気側に流入させて、シリンダ壁に沿って下降しピストン上面で反転させるというものです。**図表2-11**は最初にタンブルを用いた1992年のMVV（Mitsubishi Vertical Vortex）と呼ばれる、吸気2バルブ、排気1バルブのものです。燃料は点火プラグがある側のポートに噴射されると、タンブルによって2つの吸気バルブから流入した吸気はほとんど混ざり合うことなく圧縮され、混合気が流入した側に点火されることによって安定したリーンバーンを可能にして、燃費改善を実現するというものです。

　後に4バルブに適用されたMVVは、2つの吸気ポートそれぞれの真中に縦に隔壁を設けて、仕切られた内側ポートに燃料を噴射する構成で、タンブルによって中心の点火プラグに混合気が存在するようにして、リーンバーンを可能としたものです。

　タンブルを強化するには吸気ポート角度を水平にしてスロート部との接続を小Rにして、バルブの傘をかすめてできるだけ前方に流れるような形状にすることです。しかし、吸気ポート曲がりの内側からの流れを抑えるわけですから、高負荷では吸気が流入しにくくなるので体積効率が低下して出力は得にくくなります。逆に、出力を高めるにはバルブの周囲から抵抗なく流入させるために、**図表2-12**に示したようにスロート部の直線を

長くRを大きくする形状とすることです。

そのため、**図表2-13**に示すように、タンブル比を大きくする形状とするに従って流量係数は低下します。流量係数とは吸気の流入しやすさの指標です。出力を得るには流量係数が大きなポート形状が必要です。

タンブルを強くするには縦の流入方向を規制するので、スワールの場合と同様に抵抗が増えてしまいます。タンブルと流量を両立させるには、先のスワールコントロールバルブのような可変機構を用いることが効果的です。一例を**図表2-14**に示します。日産サニーなどに搭載された1994年のGA15型では、吸気ポート入口部にスワールコントロールバルブを備えていました。バルブの上部の一部を切り欠いたもので、タンブルとスワールを発生させているものと思われます。また、スカイラインなどに採用されたRB20DE型の例では吸気通路から分岐した2つのサブ通路を設けて、サブ通路の向きは真っすぐ吸気バルブ傘部に向かうようになっており、低回転時には分岐弁を閉じてサブ通路から高速で吸気を流入させるものです。ピストン上面での反転のため凹みを設けるのは、タンブル流を反転させて減衰させないようにする思想です。

吸気通路に隔壁を用いたスバルの例を**図表2-15**に示します。低負荷ではタンブル生成バルブを閉じて、バルブを切り欠いた上側の隙間から隔壁によって仕切られたポート上側通路の中を高速のまま流れさせ、ポートの排気側からシリンダ内に流入させるようにしたものです。スワールコントロールバルブと同様に、可変装置は吸気ポートの流量係数を低下させずにタンブルを強化するための一つの方法です。隔壁を設けて片側だけに吸気を流すのは考えやすいですから多くのアイデアがあります。他のアイデア例も同時に示します。

タンブルのリーン運転への効果として、乱れの強化による燃焼改善効果が認められています。**図表2-16**においてタンブル比とリーン限界の関係を示すように、タンブルを強めるに従ってリーン運転が可能になることが確認されています。

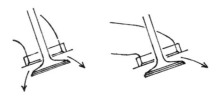

出力重視ポート　　　　タンブル重視ポート

図表 2-12　出力重視とタンブル重視の吸気ポート形状

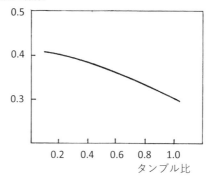

図表 2-13　タンブル比と平均流量係数

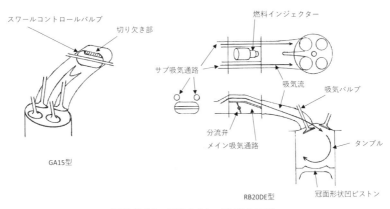

図表 2-14　日産のタンブル強化装置

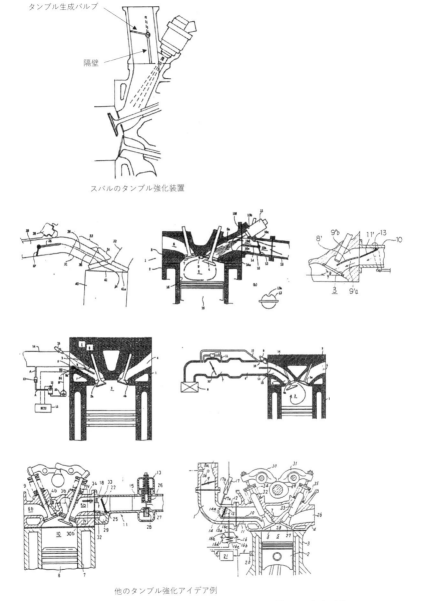

タンブル生成バルブ

隔壁

スバルのタンブル強化装置

他のタンブル強化アイデア例

図表 2-15　スバルのタンブル強化装置と他のアイデア例

考えられているタンブルの挙動を**図表2-17**に示します。(a)ではピストン下降によって吸気が縦流れとして流入します。ピストン上昇による(b)では流れが変形しながら維持されています。そして上死点に近づいた(c)では流れが崩壊して細かな乱れを発生します。この乱れが燃焼改善に効果を与えます。例えばエンジン冷機状態で、始動してから触媒の温度が活性状態に上がるまで排気ガスは浄化されません。一方、エンジンは冷機状態では燃料の気化も不十分なため、リッチな混合気として燃焼を維持させる必要があります。この時に多くのCOやHCが排出されることになります。できるだけリッチでない混合気で冷機時に安定した燃焼をさせるために、タンブルによる強い乱れが着火と火炎伝播に効果があることが認められています。

　国内ではガソリン性状に地域やメーカーによる違いはないですが、国外によってはバラツキがあって、重質な揮発性の低いガソリンが供給される場合もあります。空燃比が希薄になり運転が安定しにくくなります。このような場合でも、タンブルの強化は燃焼改善効果につながり安定した運転が可能になるということです。

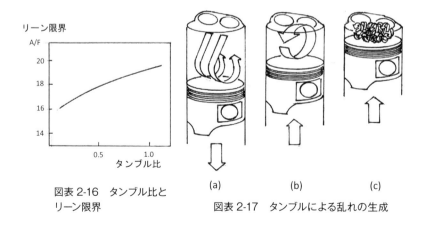

図表 2-16　タンブル比と
リーン限界

図表 2-17　タンブルによる乱れの生成

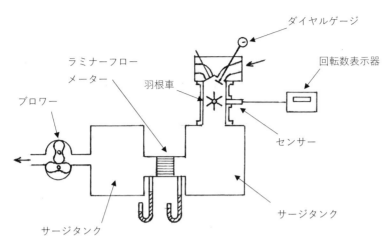

図表 2-18　タンブル測定装置

　かつては、吸気流動の強さを測るために、**図表2-18**のような装置が用いられていました。タンブルの測定の例を示しています。ブロワで空気を引いて、バルブリフトごとの羽根車回転数を測定して、空気流量からタンブル比を求め、平均したタンブル比によってタンブル強度比較の尺度としていました。

（2）2点点火

　点火エネルギーを強化することはEGRや希薄混合気の着火を改善するものとして有効です。CDIの瞬間的な強い放電である容量放電よりも、長い時間の放電が可能な誘導放電が効果的であることから、トランジスター点火が用いられるようになりました。1983年頃から**図表1-3**に示した高圧コードのないダイレクト点火方式となり、信頼性の高いものになっています。また、点火プラグは電極間に発生した火炎核を成長させ燃焼につなげていくため、電極を細くして熱容量を小さくした白金プラグが用いられるようになり、イリジウムプラグも用いられるようになってきています。これらによって、点火装置としてはほとんどメンテナンスがフリーとなっています。

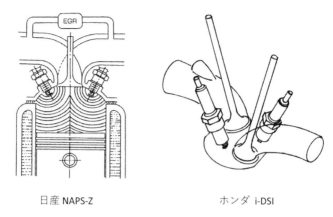

日産 NAPS-Z 　　　　　　　　　ホンダ i-DSI

図表 2-19　日産 NAPS-Z とホンダ i-DSI

　かつて日産では、混合気への着火を確実にするために2プラグが用いられました。EGRをかけた混合気の燃焼を改善するために、2プラグによって2点で点火することで急速燃焼を実現し、NO$_X$を低減しながらCOとHCは酸化触媒で処理するという安価な排気ガス処理システムを実現したものです。2プラグにすると最適点火時期が大幅に遅らせられ、大量EGR下での燃焼安定性が著しく改善されます。NAPS-Zと呼ばれるシステムでしたが、三元触媒方式が主流となるに伴い消滅しました。

　後に、吸気流動を併用することによって高EGRでの運転が可能であり、小排気量車での燃費改善が低コストで実現できることから、ホンダがフィットなどに搭載するi-DSI（Intelligent-Dual & Sequential Ignition）と呼ばれた1,300ccエンジンに用いて復活したこともありました。考え方はNAPS-Zと同じです。実質的に急速燃焼が実現されますが、負荷が大きくなると燃焼騒音が発生するため、同時点火だけでなく一方の点火を遅らせるなど、運転条件によって制御されていました。

（3）リーンバーン

　理論的な熱効率は圧縮比と比熱比で決まります。

　　熱効率 $= 1 - (1/\varepsilon)^{k-1}$

ε：圧縮比

　k：比熱比

で示されます。比熱比は、定圧比熱（圧力一定での比熱）と定容比熱（容積一定での比熱）の比で表されます。空気が1.4と最も大きく、理論空燃比の混合気では1.26程度に下がるとされています。希薄になるほど比熱比が上昇します。

　リーンにすると燃焼しにくくなるので、ただ混合気をリーンにするのではなく、安定して燃焼させるには成層にすることが効果的です。キャブレターから供給されるのは均一混合気ですから、濃いところと薄いところを燃焼室でどのように実現するかは難しい問題です。そのために副燃焼室を設けるというホンダのCVCCが考えられたわけです。副燃焼室に濃い混合気を供給して点火し、燃焼した火炎を噴出させて、主燃焼室の希薄な混合気を安定して燃焼させるというものです。キャブレターに副燃焼室用の通路を新たに設けて、微量な濃い混合気を供給するようにしています。1972年に発表され1973年に登場したシビック用のED型エンジンで採用されたものです。

　CVCCは触媒を用いずにアメリカの排気ガス規制にいち早く適合したものとして、ホンダの四輪車メーカーとしての名を世界に知らしめたものです。CVCCは触媒を用いないことが謳い文句でしたが、実質的には燃焼室で酸化できないHCを、排気マニホールドにサーマルリアクターの機能を

図表 2-20　ED 型 CVCC エンジン（左）と搭載車シビック（右）

持たせて処理するものとなっていました。規制値は燃焼だけで実現できる
レベルではないからです。

　CVCCは1,500ccのシビックから採用が始まりましたが、後に各社で排
気ガス対策が三元触媒によって一段落すると、排気ガス対策で落ちた燃費
や出力の回復が求められるようになりました。リーンでは出力に不利なが
ら、他社の4バルブ化に対抗して吸入空気量を増すために、CVCCでも3
バルブ1,800ccなどへと展開されました。圧縮比も上げられるとともに、
燃焼を速くする必要から副燃焼室からの噴口が2つに増え、そして酸化触
媒が用いられるようになっていきました。

　燃焼室内の希薄混合気を、速く燃焼させるために採用されたものが
1976年のトヨタのTGP（Turbulence Generating Pot＝乱流発生ポット）で
す。燃焼室とTGPをつなぐ噴口の部分に2極接地式点火プラグを配置し、
圧縮行程でTGP内に流入する混合気の流れが、噴口部分で着火されて強
い火炎となって燃焼室内に噴出することで、空燃比16〜18のリーンな混
合気を速く安定して燃焼させるものです。TTC-Lと呼ばれる排気ガス対
策システムで、1,600ccのカローラ、スプリンターに、1,500ccはターセル、
コルサに搭載されました。昭和51年排出ガス規制適合の当初は排気にサー

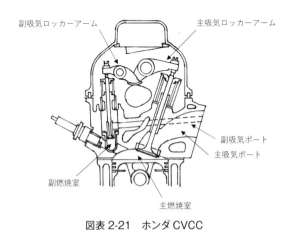

図表 2-21　ホンダCVCC

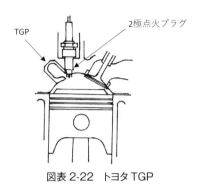

図表 2-22　トヨタ TGP

マルリアクターを備えていましたが、後の規制強化に伴い、EGRと酸化触媒が用いられました。

　TGPはダイハツでも用いられ、1,000cc、3気筒のシャレードから軽自動車用フェローMAX550ccエンジンにも搭載されました。点火プラグの電極外側を半球形のTGPで囲った構造で、燃焼室内にTGPが飛び出しているものでした。リーンであるため小型の酸化触媒を排気マニホールドに備えることでHCが処理でき、小型車用として低コストで排気ガスに対応できるシステムであるといわれていました。

　CVCCもTGPも副室を設けるので、燃焼室全体としての表面積は大きくなってしまいます。また、副室内部は高温になります。そのため、燃焼室からの冷却損失が増加するという問題があります。

　その後、燃料噴射を用いればもっと簡単に成層化が実現できることが証明されました。リーンでの燃焼を可能とするには、吸気ポートから噴射した少ない燃料が混合気となって、吸気流に乗って点火プラグ付近に行くようにすることです。スワールコントロールバルブを用いてシリンダ内に流動を発生させ、噴射された燃料による混合気の塊が、吸気流に乗って動いて点火時にプラグ付近に来るように噴射時期を設定しておけば、全体としてはリーンであっても燃焼可能とできます。そのため、従来は複数の気筒の燃料を同時期に噴射するグループ噴射だったものを、燃料噴射時期が気

筒ごとに設定されて噴射される独立噴射が採用されました。

　流れの強さで混合気濃度や移動距離も変化するので、インジェクターの位置や燃料噴霧の挙動などの確認が必要なことはもちろんですが、これでリーンバーンを可能とするコンセプトができました。燃料噴射を用いることで可能となったものです。そして実現されたものがトヨタのリーンバーンエンジンでした。スワールコントロールバルブを用いた流動の強化で、リーンでも燃焼できるようにしたものですが、燃焼変動を抑えてリーン燃焼を確実にするため、燃焼室の圧力を検出してフィードバックするようにして万全を期しています。構造的には従来と変わるところなく実現したものです。1984年、1,600ccでカリーナに搭載されました。

　リーン燃焼を行うと**図表1-10**に示したように、三元触媒ではNO_Xの浄化効率が低下する問題があります。燃焼だけでないリーンの問題です。このため、NO_X吸蔵還元型三元触媒が備えられました。NO_Xを吸蔵させてから適時パージするもので、そのために瞬間的にリッチ化する制御が行われるようになったものです。

　それまで、三元触媒はリーン域でNO_Xをほとんど浄化しないと考えら

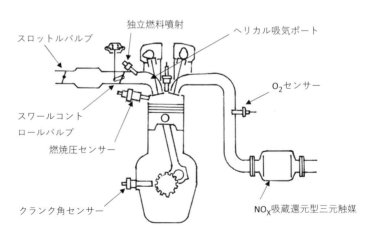

図表 2-23　トヨタ リーンバーンエンジン

れていたものが、加減速を伴う運転では定常運転では得られないNOx浄化率を示したことに着目したものです。定常時と走行時の浄化率の違いに及ぼす原因から、回転数や負荷、触媒温度などのうち、特に空燃比が変動することによる影響が大きいことを究明して開発されたものです。新たな触媒はリーン運転しながら瞬間的にリッチにすることによってNOxを吸蔵・還元し、燃費悪化を1％以下に抑えることを可能としたものです。NOx吸蔵とは単なる吸着反応ではなく、硝酸イオン生成に伴う酸−塩基反応に起因するものであるとされています。

走行中にリーンからリッチになると、ドライバがショックを感じます。そのため出力空燃比よりもリッチにするとともに点火時期を遅角してトルク変化をなくす制御が行われています。

トヨタで開発されたNOx吸蔵還元型触媒は、リーンバーンによる燃費改善とNOx浄化をどのように両立するかという問題を解決できる画期的な技術でした。

リーンバーンエンジンは触媒の開発とその制御があってこそ実現できたものです。高速道路での走行も含めて広い運転範囲のリーン燃焼が実現され、確実に燃費の良さが実感できるものでした。

前記MVVも同様のコンセプトでリーンバーンを目指したものでした。ただ、それでもNOx吸蔵還元型触媒の浄化率は高くないので、排気ガス規制の強化に伴い、後述する空燃比30以上の超リーンバーンを目指すことになっていきました。

（4）直接燃料噴射

キャブレターは燃料吸い出しのためにベンチュリを設けますが、これが抵抗となって吸入空気量を制限しているので、燃焼室内に燃料を噴射すれば吸気の抵抗は減り、出力は上がるだろうと考えられます。そのため、古くから多くの研究が行われてきました。1954年にベンツで高出力を目的として直接燃料噴射が採用されたとあります。

燃費改善のために成層化による希薄混合気燃焼の実現を目指したものが

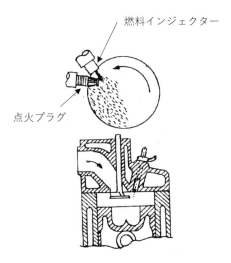

燃料インジェクター

点火プラグ

図表 2-24　Texaco TCP

多く提案されました。その多くは、点火プラグと噴射インジェクターを近接して配置し、プラグの近傍に濃混合気を形成する考え方のものでした。一例を**図表2-24**に示します。機械的な噴射装置であり、点火プラグのくすぶりや煤の発生もあり、広い運転範囲での安定した成層燃焼の実現は困難であったようです。

　MVV を発展させて三菱が1996年にGDI（Gasoline Direct Injection Engine）と呼ぶ直接燃料噴射方式をギャランに搭載して発売しました。上記の課題を解決する新たなコンセプトとして、点火プラグと噴射インジェクターを離して配置し、吸気からの流動を利用したピストン頂面のキャビティによって、燃料の気化、空気との混合及び点火プラグへの運搬を制御するというものです。シリンダ内へのタンブル流入を効果的に行うため、吸気ポートが直立して配置されました。吸気ポートは断面を逆3角形としてタンブルを強化する形状が採られました。深いピストン凹みは出力が出にくいというのが通説でしたが、何よりも成層化という1点に絞ったものであるように見えました。

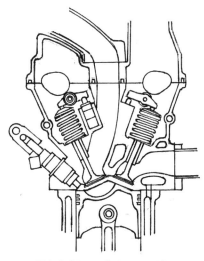

図表 2-25　三菱 GDI エンジン

　筒内噴射と呼んでいましたが、直立吸気ポートからのタンブルを維持させるわん曲頂面ピストンの圧縮行程後半に高圧で燃焼室内に燃料噴射することで成層化を図り、従来以上のリーンバーンを可能にするというコンセプトです。直接燃料噴射を他社に先駆けて市販化し、120km/h までを空燃比30〜40の超希薄燃焼とすることによって燃費改善を図ったものでした。量産された世界初の直接燃料噴射でした。軽自動車用以外のすべてのエンジンに適用し、海外メーカーにも技術供与したものです。

　ただ、5 MPa という噴射圧力であり、スワールインジェクターによる微粒化を図ってもまだ噴霧が大きいため、長期の使用では気化できない燃料によって燃焼室に煤ができるなどが指摘されました。また、実際に運転した時のリーンでの運転領域も狭かったので燃費効果が感じられないという実感と、強化される規制に対し大量EGRを加えてもリーンでのNO$_X$低減が十分でなかったこともあり、やがて撤退となりました。

　しかし、直接燃料噴射を市販車に採用したという実績と、燃焼室内に噴射することによってノッキングが抑えられることから12という高圧縮比を

可能としたことや、燃焼行程終期に再度燃料を噴射して冷間始動後の排気温度を上げて触媒の活性を速めるなど、直接燃料噴射による効果を証明して、以降のエンジンに大きな影響を与えたことは称賛される事実です。

　他社はリーンではなく、理論空燃比での均一混合気によって三元触媒の使用を可能とし、直噴の気化熱による圧縮比向上効果を活かすことで燃費改善として用いました。均一混合気運転によりNO$_X$は低減できるし、噴射時期を早めることで煤の問題は発生しにくくできます。**図表2-26**に1998年の日産QG18DD型の例を示します。スワールコントロールバルブを用い燃焼室は浅い凹みを可能として燃焼改善を図り、吸気ポートをストレートにして性能向上を可能としています。

　その後、直接燃料噴射をベースに、4-2-1排気系システムやキャビティ付ピストンなどによって、世界最高の圧縮比14を実現したのが、マツダのSKYACTIV-Gです。2011年のデミオに搭載された1,300ccエンジンから展開されていきました。

　今日でも直接燃料噴射は燃費向上の切り札的な存在です。また、燃焼室内の空燃比を正確に制御できるメリットもあります。直接燃料噴射は吸気ポートへの付着燃料による空燃比の変動をなくすことができるからです。

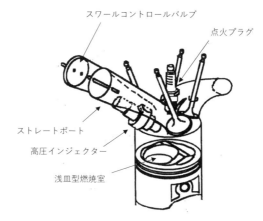

図表 2-26　日産 QG18DD 型エンジン

図表 2-27　SKYACTIV-G エンジンと搭載車マツダデミオ（2011 年）

　吸気管噴射では噴射弁から噴射された燃料の一部は、吸気ポート内壁や吸気バルブに付着して液体の付着燃料となります。この燃料は壁面を伝わり遅れて燃焼室に吸入されるので、加速時には空燃比を薄くするように作用し、減速時には濃くするように作用して空燃比を狂わせ、触媒の浄化効率を低下させることになります。

　直接燃料噴射でもピストンやシリンダに燃料が付着しないことが必要です。そのため、貫通力を抑えて短時間に微粒化して噴射する必要から高圧化が図られてきました。PM を減らすためにも必要です。

　噴射ノズルから噴射された燃料は、空気を巻き込みながら次第に空気との相対速度が低下していきます。燃料の持つ運動量は、ある距離を離れた断面の空気の運動量と燃料の持つ運動量との和に等しいので、噴霧の到達距離は噴出速度とノズル孔径に関係します。ある直径のノズルから30m/sで噴射された燃料が20°の噴霧角度で広がるとしたとき、距離によって速度や A/F（空燃比）がどのように変化するかを見たものが**図表2-28**です。到達距離は到達時間の平方根に比例し、噴霧速度は噴射圧力の平方根に比例し、噴霧 A/F は距離に比例して大きくなります。

　上記は大気中に噴射したときの計算の結果ですが、噴射された燃料の定性的な様子は理解できます。実際の燃焼室内では圧縮によって温度と圧力が上がります。圧力の上がった空気に阻まれて速度が低下し、温度によって噴霧表面からの気化が進み体積が減少するため速度が低下します。そこに吸気による流動が加わります。さらにピストン位置によって吸気流動

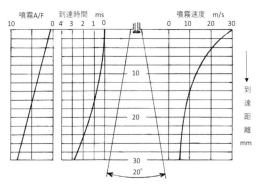

噴霧A/F　到達時間　ms　　　　　　　噴霧速度　m/s

図表 2-28　噴霧の状況

は変化します。意図した混合状態とするには燃料の挙動を知ることが必要で、これらの因子を加えたシミュレーションが可能となったことで直接燃料噴射が実現できたわけです。

　噴射された燃料の噴射始めと終わりとの時間差による、混合気濃度の部分的な違いも発生します。そうしてみると直接燃料噴射がいつでも優れているわけでなく、排気ガスの観点からは低負荷では吸気管噴射が効果的なところもあります。そのため直接燃料噴射と吸気管噴射を搭載して、状況によって使い分ける世界初の方式が採用されました。2005年に初めてレクサスGSの3,500ccに搭載されたトヨタのD-4Sと呼ばれるV6エンジンです。もちろん高負荷では直接燃料噴射を用います。低負荷ではインジェクターからの噴霧を吸気流動がなくても混合可能なスプレーとして、抵抗の少ない吸気ポートとすることで出力との両立を図ることを実現しています。高度で複雑な制御を要するものですが、直噴インジェクターに付着する煤を吸気管噴射燃料で洗浄できる効果もあり、直接燃料噴射の課題を解決したものです。

　一方、直接燃料噴射の特性を活かしたエンジンが2022年にホンダから発表されました。噴射圧力を35MPa程度に高めて多数の小さな噴口ノズルから微細な燃料を、部分負荷時には短時間で吸気行程初期に３回噴射

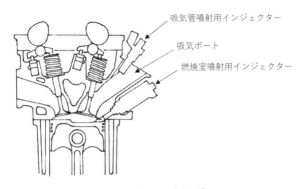

図表 2-29　トヨタ D-4S

し、タンブル流動を利かせた吸気との混合によって吸気管噴射と同様な均一混合気を得ることを実現し、低回転高負荷時には吸気バルブ閉時期近くの後期にも噴射を加えることでノッキングを回避する効果を高めて、14近くの高圧縮比を実現するというものです。ディーゼルの多段噴射と同じ考え方で、目的に向けて効果を出す噴射をするというやり方です。噴射圧力向上とインジェクターの応答性向上によって可能となってきているものです。直接燃料噴射の効果をより高める使い方と、ストローク／ボア比が約1.2というロングストロークにより、熱効率は41％であると紹介されました。

‖ 3．燃費の指標はq－T特性
　　　～燃費の良さはこんな見方で分かる～

　エンジンは供給する燃料の量によって出力を制御しているので、出力を上げるには燃料供給量を増やすことが必要です。正確には燃料供給量とトルクが比例するということです。1回転当たりの燃料供給量qを縦軸にトルクTを横軸にとると、q＝aT+bで示される直線で示されます。同じTの時のqが下にあるほど熱効率が良いエンジンであることを示しています。排気量が異なれば燃料供給量の値もトルクの値も違ってきますが、1

回転当たりのqとTで整理すると一つの指標として評価可能となります。

　かつての出力を優先していたエンジンでは空気とガソリンの混合気割合（空燃比）が小さく、即ち燃料を濃くしていたので、同じTの時のqが大きくなっていました。同様にロータリーエンジンや2サイクルエンジンもqが大きくなりました。

　aは燃料量の負荷に対する特性であり、直線の傾きを小さくすることがポイントとなります。圧縮比を上げたり冷却損失を減らすことで、エンジンの熱効率が上がることを示しています。即ち、直線の傾きを小さくできると、Tを大きくして回転数を下げることによって、同じ出力で運転する時の燃料消費を下げることができるようになるわけです。トップギヤよりオーバートップギヤにして、低回転で運転して燃費を良くするようにできるということです。自動車ではCVTなどによってできるだけ低回転での運転が行われていますが、これは直線の傾きが小さくできているからこそ実現できることです。

　bは出力0の点の無負荷時燃料量です。ここでのqはエンジン自体が回転するために必要な燃料の量です。冷却損失や摩擦損失、ポンピングロスであって、これを低減するとq-Tの直線がそのまま平行に下に移動しますから、効率の良いエンジンということになります。市街地など低負荷で運転する状況ではエンジンの燃費の良さとして効いてくるわけです。

　直線の傾きは効率を示しているので、各種損失分も含まれます。1つは冷却損失です。冷却損失とは燃焼室壁面から逃げる熱エネルギーです。冷

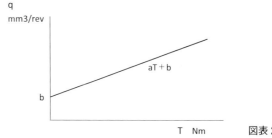

図表 2-30　q-T 特性

却損失を低減するには燃焼室容積Vに対する燃焼室表面積Sの割合、S/V比を小さくすることが効果的です。高温となる上死点での表面積を小さくするためにコンパクトな燃焼室とすることです。燃費を重視した今日のエンジンが、シリンダ内径(ボア)に対してピストン行程(ストローク)を大きくしたロングストロークとなっているのはこのためです。燃焼室は球形状が理想です。逆にショートストロークでは扁平な燃焼室となり、S/V比が大きくなるので燃費に不利な仕様となります。

　排気量が大きくなるとS/V比は小さくなるので、排気量の大きなエンジンが熱効率には有利となり、同じ排気量なら気筒数を減らすことでS/V比は小さくなり燃費向上が可能です。6気筒より4気筒、さらに3気筒、2気筒です。

　他の損失としてポンピングロスがあります。スロットルを絞った部分負荷では新気吸入時の抵抗によって発生する損失です。空燃比の大きな希薄燃焼では空気量を増やすためスロットルを開けるので、ポンピングロスが低減されます。排気ガス対策としてEGR(排気再循環)が利用され、排気ガスを吸気させるようになっていますが、結果的にポンピングロスが低減されるため、積極的にEGRを用いることも行われています。排気ガスは比熱が大きいため、EGRによって燃焼温度が上がりにくくなるためNO_xが低減されるのですが、それによって冷却損失も減らせている効果もあります。ポンピングロスについては後述します。

　Tが0である時のqが大きいのは、無負荷時にそれだけの燃料が必要ということで、摩擦損失が大きいなどによって効率が悪いということです。Tが0の時のqが小さいということは、感覚としてはエンジンが軽く回転しているということです。逆にいえばエンジンブレーキの利きが良くないということになります。スロットルを戻して惰行走行できる距離が長くなるということですから、燃費に有利となります。

　エンジンブレーキの利きは、スロットルを戻した時の減速感など走行の楽しさや、降坂時の運転のしやすさなどにも影響しますが、車両の走行し

ているエネルギーをエンジンブレーキによって摩擦やポンピングロスとして捨ててしまっているのですから、燃費面からはもったいないわけです。エンジンブレーキ時には燃料をカットして供給していないとはいえ、惰行走行できる距離が延びるとより燃費に効果が得られることになります。

▌4．燃費を良くするベースは摩擦の低減
～燃費に素性の良いエンジン～

エンジンの回転による損失の内訳の一例を**図表2-31**に示します。ピストン、クランク系の摩擦損失は回転が上がると急激に大きくなることが見てとれます。

高速で摺動するピストン、クランク系の摩擦損失の低減は以前から行われてきていますが、高回転になるとピストン、クランク系の摩擦損失割合が大きくなります。損失低減のためには荷重を下げることが効果的なのはもちろんです。そのため、ピストンやコンロッドの軽量化が行われてきました。解析による形状最適化や高級材料を用いてでも、小型化、軽量化が図られてきました。しかし、ボアが大きくなるとピストン頂部面積も大きくなるうえ、ピストン頂部の熱は外周に伝熱してシリンダに逃がすため、頂部厚さも増すことになるので、**図表2-32**のように質量はボアの大きさに伴って比例でなく増加します。

しかし、単なる軽量化ではなく効果の得られる軽量化はどのようであるかを知ることは重要です。例えばピストンについて、ピストンはピストンピンを中心に振れます。では、ピストン全体の総質量とピストンピンまわりの慣性モーメントは、どちらが影響が大きいかということが問題となります。**図表2-33**に示すように、揺動中心部の質量を大きくした場合（ピストンピン肉厚を大きくした仕様）に比べて、ピストン上部の質量が増えた場合（ピストン天井の厚さが厚くなった仕様）は、質量の増加量がわずかであっても大きな摩擦損失の増加になることが知られています。

ピストン頭部の慣性モーメントによる首振りによって、摩擦増加する影

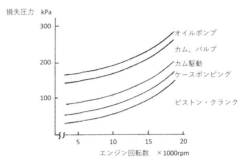

図表 2-31　エンジン摩擦損失の内訳

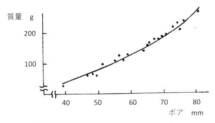

図表 2-32　ピストンボアと質量

響が大きいということです。単に軽量であればよいということでなく、頭部薄肉化によるピストンピンまわりの上下バランスを考慮した設計が重要だということになります。

　また、ピストンスカートの剛性によって摩擦損失が違ってきます。**図表2-34**に示すピストンの質量は同一としながら(a)、(b)、(c)の順に剛性を低下させたピストンを比べた試験では、剛性の低い順に摩擦損失が低減される結果となっています。柳に風と受け流す設計が摩擦を低減できるということです。

　ピストンリングを薄くしたり、張力を下げることは摩擦損失低減に効果的なので、積極的に実施されてきましたが、いよいよ限界になっています。圧縮リングを1本にして摩擦を低減することは、散発的に行われてきたことがありますが、今日では2本が主流となっています。

　ピストンの摩擦係数を低減するためのドライフィルムによる表面処理は

回動中心部の質量　　　ピストン上部の質
を増した場合　　　　　量を増した場合

図表 2-33　ピストンピンまわりの総質量と慣性モーメントに影響する設計

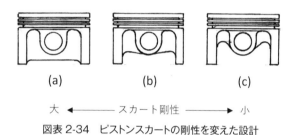

(a)　　　　　　　(b)　　　　　　　(c)

大　◀━━━━ スカート剛性 ━━━━▶　小

図表 2-34　ピストンスカートの剛性を変えた設計

当たり前となり、アルミ鍛造などレース用であった軽量化のための高強度材料や製造法は一部ではあっても実用車に採用されるようになっています。

　ピストンなどの往復質量によって発生する慣性力は、釣り合わせるクランクのバランス質量の設定によって振動ベクトル方向を変えることができます。4気筒では全体としてバランスが取れているので、バランス質量をどのように設定しても振動として外部には出ないので、振動の面からはバランスは何％でも良いことになっています。しかし、1気筒で見るとクランク軸受の荷重が違ってくるので、高回転ではクランクバランスの設定によって摩擦損失に影響してきます。

　今日では摩擦損失低減のためにクランクをオフセットすることが一般的になりました。燃焼圧力の加わる膨張行程でのコンロッドの傾きを少なくすることによってピストン側圧を減らすためです。膨張行程以外の他の行程では損失が増してしまう場合もありますが、全行程での摩擦を積分した場合で評価すると効果が得られることから採用されているものです。

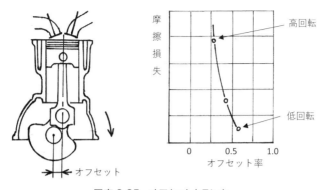

図表 2-35　オフセットクランク

　ピストンの摩擦損失＝（側圧×ピストンスピードの１サイクルを通した積分値）として評価した場合、その最適値は**図表2-35**に示すように、オフセット率（オフセット量／クランク半径）と回転数によって変化します。図には回転数によって最小となるオフセット率を示してあります。なお、図には示していませんが、回転数が上がると同じオフセット率の変化量でも摩擦損失の変化は大きくなります。

　動弁系は低回転から高回転まで摩擦損失の値は大きく変化しませんが、そのため燃費に関係する低回転では損失全体に占める割合が大きくなります。カムはバルブを押し下げるときにはスプリングの抵抗を受けますが、戻るときにはスプリングによって回転させられます。ロスとなるのは摩擦係数とスプリング荷重による摩擦力の分です。スリッパタイプは、カムとロッカーアームとの間でカムの回転に伴って接触位置が変化しますが、同時に荷重も変化するので、流体潤滑から境界潤滑や、部分的には固体潤滑になるところがあります。摩擦係数は大きくなります。そのため、動弁系はローラーロッカーアームとされて、転がり摩擦となって大きな低減効果がありました。ローラーベアリンク使用による損失低減の例を**図表2-36**に示します。カムを押し下げる仕事となる＋の面積とスプリングによって戻される仕事の－の面積との差が損失になります。

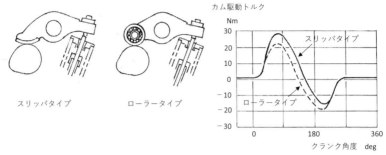

スリッパタイプ　　　　　ローラータイプ

図表 2-36　カム駆動トルク比較

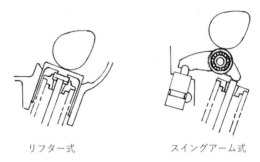

リフター式　　　　　　　　スイングアーム式

図表 2-37　DOHC のバルブ駆動方式

　DOHCにおいては、1963年のホンダS500やその後のトヨタ2000GTな
どのスポーツカーに用いられたリフター式あるいは直動式とも呼ばれる
タイプが、後にDOHCが一般エンジンに使われるようになっても採用さ
れていました。カムとバルブの間の剛性が最も高くできる設計です。**図表
2-37**に示しますが、**図表2-36**のSOHCのロッカーアーム式と比べると理
解できると思います。カムとバルブの間にロッカーアームの曲げが入る
と、バルブの動きがカムとずれてきて、高速回転で正確なバルブ作動がで
きなくなります。ですから、これまでのレース用エンジンの多くはリフ
ター式でした。コンパクトにできるメリットもあります。
　今日では、摩擦損失を減らすため、DOHCの動弁システムとしてロー
ラーを用いたスイングアーム式が多く採用されるようになりました。カム

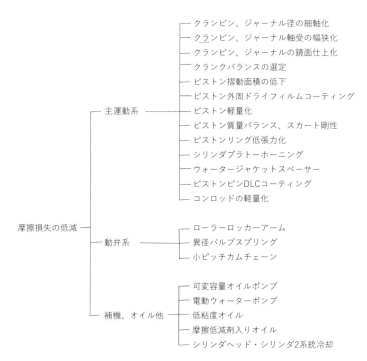

主運動系 ── クランピン、ジャーナル径の細軸化
　　　　　── クランピン、ジャーナル軸受の幅狭化
　　　　　── クランピン、ジャーナルの鏡面仕上化
　　　　　── クランクバランスの選定
　　　　　── ピストン摺動面積の低下
　　　　　── ピストン外周ドライフィルムコーティング
　　　　　── ピストン軽量化
　　　　　── ピストン質量バランス、スカート剛性
　　　　　── ピストンリング低張力化
　　　　　── シリンダプラトーホーニング
　　　　　── ウォータージャケットスペーサー
　　　　　── ピストンピンDLCコーティング
　　　　　── コンロッドの軽量化

摩擦損失の低減

動弁系 ── ローラーロッカーアーム
　　　　── 異径バルブスプリング
　　　　── 小ピッチカムチェーン

補機、オイル他 ── 可変容量オイルポンプ
　　　　　　　── 電動ウォーターポンプ
　　　　　　　── 低粘度オイル
　　　　　　　── 摩擦低減剤入りオイル
　　　　　　　── シリンダヘッド・シリンダ2系統冷却

図表 2-38　摩擦損失低減

とバルブとの距離が近いので剛性は気にしなくて良く、支点部の荷重は下がるので油圧ラッシュアジャスターを用いることができます。リフター式がシムの厚さを変えることでクリアランスを調整する生産性の低さはもちろん問題でしたが、スクリュで調整するのに比べても、組み立てが楽になります。調整も不要です。

　自動車用エンジンは、今日ではすべてローラーロッカーアームが使用されています。さらに第Ⅲ章で説明する可変バルブ・イベント＆リフトは、常用回転でのバルブリフトを抑えるので、さらに損失低減効果が得られることになります。

　また、かつては補機の損失はあまり考慮されなかったものですが、程度は少なくても効果の得られるものについては採用せざるを得なくなってい

る状況です。例えばエンジンオイルは、以前は鉱油でしたが現在は合成油です。低温でも粘度が上がって抵抗を増やすことなく、高温でも油膜が薄くなって焼き付きを発生することなく、さらに摩擦係数を低減するために低摩擦剤添加などの改良が続けられてきた結果です。

　市街地走行などでは、低回転での運転で必要なエンジン出力は大きくないので、摩擦損失を低減することは大きな効果があります。しかも運転範囲の全域で効果があるものですから、さらなる基礎研究が続けられています。1つ1つの効果は大きくなくても、かつてはコスト面から採用が難しかったものも実用されています。

　第Ⅲ章で説明する基本諸元可変装置が、効果を出せて実用化できたのは摩擦損失低減努力の結果でもあります。クランクピン部に乗る質量が増加することによる摩擦損失は無視できないほどに大きいということを実証しています。

▌5．もっと考慮したい排気ポンピングロス
　　　～吸気ポンピングロスだけでない～

　摩擦損失以外にも、**図表1-6**に示したように、ガソリンエンジンではポンピングロスが問題とされています。ポンピングロスは、スロットルバルブで吸気を絞って運転していることに関係しています。自動車で問題とされる市街地走行などの低回転、低負荷領域で燃費が悪いのは、吸気のポンピングロスが大きいことが原因であるといわれています。しかし、可変気筒エンジンでは休止した気筒は、吸気も排気もバルブ作動を止めることで、ポンピングロスをなくすようにしています。そうやって空気の出入りをなくすようにして、吸気のロスも排気のロスもない状態としているわけです。

　はたして、吸排気が行われなければポンピングロスは問題なく、少しでもスロットルを開けるとポンピングロスが大きくなり、それがスロットルをもっと開けると問題なくなるということなのでしょうか。

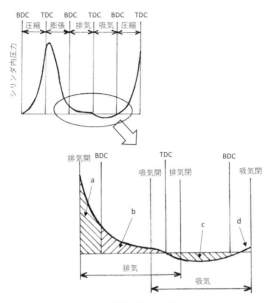

図表 2-39　吸排気行程の燃焼室内圧力

　ポンピングロスは吸気行程と排気行程とについて考えることが必要です。**図表2-39**に時間あるいはクランク角度を横軸に燃焼室内圧力を模式的に示しました。拡大した図に示したように、吸気行程ではピストンが下降する時の圧力cが低いのは、負圧によってピストンの移動を止めようとすることによる損失です。スロットル開度が小さい、そして高回転の方が圧力が下がるのでポンピングロスが大きくなります。しかし、その大きさは最大でもマイナス1気圧を越えることはありません。スロットル低開度時の下死点後の吸気行程dは負圧によってピストンを引き上げるように作用するので下死点までの損失分をある程度回復できるように作用します。

　排気行程のポンピングロスは、排気を押し出すことによる損失です。燃焼ガスによる排気バルブ開後のシリンダ内圧力aは急激に低下しますが、その低下割合は臨界圧で決まるため、スロットル開度が小さいほど、回転数が低いほど、早く圧力が低下します。下死点までに圧力が大気圧程度に

下がっていれば、その後のピストン上昇による排気の押し出しbは小さくなります。しかし、高回転時やスロットル開度が大きくなってくると、下死点時にもシリンダ内圧力は大きく、続くピストン上昇で多くの排気を押し出さねばならなくなるため、ポンピングロスは急激に大きくなります。

従って、吸気、排気の合計で見ると、ポンピングロスは排気の押し出しbによるロスが支配的で、高回転時にはスロットル開度が要因として大きくなります。低回転時には、スロットル開度の小さいところで吸気のポンピングロスc＋dが大きくなるということです。これは、自動車のようなスロットルバルブが1つで、コレクターから吸気管によってつながっているものでは、吸気の平均負圧が大きくなるのでポンピングロスは大きくなります。EGRによって排気を吸入したり、リーンにして空気量を大きくすることは負圧を小さくすることになるわけです。

レース用マシンでは、マフラーを取り去って排気抵抗を減らして出力を向上させるのが常識です。これにより排気ポンピングロスを低減しているわけです。マフラーの背圧が大きいとか、排気抵抗が大きいなどといわれますが、これは、排気を押し出すためのポンピングロスが大きいということです。

かといって、実用車では排気抵抗を減らすために排気騒音が大きくできるわけではありません。マフラー容量が大きくできると抵抗と騒音の低減が両立できますが、大容量マフラーは実際には難しいところです。

そのため、可変マフラーが採用されたことがありました。市街地走行などの低回転低負荷時には消音性能を上げるために、マフラー内の流路を絞って排気の音圧を低減します。そして、高速走行などの高回転高負荷時には排気抵抗を減らすため、マフラー内の流路面積を大きくして背圧の上昇を抑えることで出力低下を防ぐというものです。エンジン回転数やスロットル開度から、モーター制御によってマフラー内の通路を制御するデュアルモードマフラーが、三菱や日産で採用されたことがありました。

そこまでではないものの、マフラー内圧力によってのれん式バルブを押

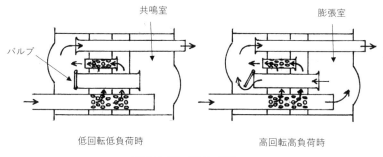

共鳴室　　　　　　　　　　膨張室

バルブ

低回転低負荷時　　　　　　高回転高負荷時

図表2-40　可変マフラー

し開けて、流路面積を可変するという考えのものがトヨタで採用されました。**図表2-40**に示す機械式の単純な構成ですが、騒音低減と出力向上の両立を図る効果的なものです。

　かつて、吸気は2バルブにしても排気は1バルブでという3バルブエンジンがありました。また、吸気よりも排気バルブのバルブリフトを小さくしたエンジンがありました。いずれも、吸気は抵抗を少なくして十分に吸えるようにしないといけないが、排気は圧力があるから出ていくだろうという考えでした。

　低回転、低負荷では排気はポンピングロスには影響は少ないと思いますが、高回転はもちろん、通常の運転でも排気の抵抗は熱効率に効いてくるわけです。スムーズに排気するために、抵抗低減が可能となるように排気も2つにした4バルブが理想です。そして排気ポートの流量係数も大きく得られる形状を採ることが重要です。

　大型トラックでは排気ブレーキが採用されています。排気管をバタフライバルブなどで閉めて（完全に締め切るわけではありません）排気を押し出す抵抗を増やして、エンジンブレーキの利きを大きくしているものです。排気を押し出す圧力は、吸気を吸入する負圧よりも大きいので、効果が大きいわけです。

　このような例からわかるように、高速も含めた一般的走行でのポンピン

グロスを低減するには、吸気だけでなく排気のポンピングロス低減を考慮することが重要です。

6. 燃費改善の基本は狭角4バルブ
〜二兎を追わない〜

　一般的に乗り物のエンジンは高出力が求められますが、燃費向上や排気ガス低減を考えると、出力とは方向が逆になります。

　高出力のためには、高回転での吸入空気量を増やすことが大切ですから、ボアを大きくして大きなバルブを装着することが基本です。そのため大きなバルブ挟み角を持つ深い燃焼室となり、圧縮比を得るためにピストン頂面は凸に盛り上がることになります。扁平な燃焼室のため燃焼は遅くなって、混合気を薄くすると燃焼が不安定になり、EGRも効かせられないエンジンとなります。

　燃焼室の形状はどのようなものが理想か、考えやすくするために単純に模式化してみます。**図表2-41**に示す点火プラグを中心に末広がりの円錐台形状の燃焼室(a)と、逆に点火プラグ側が大径の円錐台形状の燃焼室(b)があったとします。どちらが燃焼に適した燃焼室かを考えます。

　点火プラグを中心に球状に火炎が広がっていくと考えると、点火プラグ側が大径の円錐台形状(b)の燃焼室は初期の燃焼割合が大きいので、効率

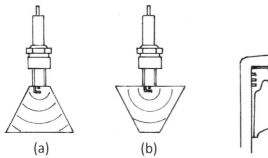

(a)　　　　(b)

図表 2-41　燃焼室形状の比較　　　図表 2-42　GHPに用いられた燃焼室形状

よく燃焼することができます。極端にいえば、末広がりの円錐台形状の燃焼室(a)では、初期の火炎の成長が遅いのでリーンにしたりEGRを用いるにも不利です。ピストンが下降しながら燃焼割合が大きくなるので、燃焼による圧力が有効に利用されないということにもなります。

　実際には(b)の形状は難しいですが、その考え方に近づけることが必要です。かつて2バルブエンジンでウェッジ型燃焼室を採用したものに、電極が長く突き出した点火プラグが用いられたことがありました。なるべく燃焼室の中心近くで点火させることが狙いでした。

　しかし、熱効率を求めたら実際に(b)の燃焼室の考え方になったという例を示します。**図表2-42**に示したものは、GHP(ガスエンジンヒートポンプ)用のエンジンの燃焼室部分です。夏場の電力需給改善のために、エアコンのコンプレッサーをガスを燃料としたエンジンで回します。電力消費を抑えながら給湯も行うことで電気ヒートポンプで得られない効率を得るものがGHPです。

　回転数は低いですが、熱効率がどこまで上げられるかが電気ヒートポンプとの競争の重点になります。そこで燃焼室形状を比較した結果、BIP(Bowl In Piston)と呼ばれる形状に行きついたわけです。初期の燃焼割合が大きく、燃焼室表面積が小さい形状が最も熱効率が高かったということです。

　このように、熱効率を上げるためにはストロークを伸ばしてボアを小さくして、点火プラグ側の容積を大きくしたコンパクトな燃焼室形状を得ることです。しかし、この考え方は高出力を求める設計の考え方の方向とは逆になることは明らかです。BIPではピストンも重くなり、高回転には不向きです。ですから、自動車用エンジンでは「分かっているけれどできない」という感覚があったと思います。

　この背反を打ち破ったのがトヨタの狭角4バルブエンジンです。

　Q：吸入空気量

　D：バルブ径

H：最大リフト

S：バルブ面積

V：バルブの作動に必要な体積

とすると

$$Q \propto n \times D^2$$

となります。例として、同じQを得るときの2バルブと4バルブを比較してみます。**図表2-43**に示すように、例えば、2バルブでのDを40mm、Hを10mmとしたときに、4バルブではVが約70％しか必要としないことを示しています。これは、バルブのためのピストン逃げを少なくして燃焼室をコンパクトにできるということです。燃焼室の表面積を減らすこと、即ちS/V比を小さくして熱効率を上げることが4バルブで可能になるということを意味しています。

4バルブは動弁系を軽量にして高回転を可能にすることで高性能を求めるものであるという従来の考え方から、熱効率を上げるためのものであるという考え方に改めさせたものです。実用になったものが**図表2-44**に示す狭角4バルブエンジンで、1987年にトヨタからハイメカツインカムの名称で出されました。

レース用エンジンやスポーツカーでもなければ、ほとんど使うことのない高回転での馬力は不要です。4バルブであれば同じバルブ面積であっても2バルブ以上の空気量は得られます。バルブ面積が同じならばバルブ数

		2バルブ	4バルブ
D	(mm)	40	28.3×2
H	(mm)	10	7.07×2
S	(cm²)	12.6	12.6
V	(cm²)	12.6 (100%)	8.91 (70.7%)
n×D² (cm²)		4.0	4.0

図表2-43　2バルブと4バルブの比較　　図表2-44　狭角4バルブエンジン

によらず最大リフト時の流量は同じになりますが、低・中リフト時には（バルブ周長×バルブリフト）面積がバルブ数が多い方が大きくなりますから、空気量が得られるわけです。無理に大きなバルブ径を求めなければ小さなボアで狭いバルブ挟み角とでき、それでも2バルブ以上の空気量は得られます。熱効率を上げるための狭角4バルブが成立可能となり、コンパクトな燃焼室が実現できます。中心で点火するので火炎伝播距離も最短となり、燃焼室表面積が小さくなるのでノッキングしにくくなり圧縮比が上げられます。

　コンパクトな燃焼室で冷却損失が低減し熱効率が上がります。燃焼が良くなるのでEGRを採用しても燃焼が安定します。そして低速トルクが上がって使いやすくなり、回転数を下げて運転できるようになることから燃費が向上しました。

　「4バルブは出力でなく熱効率を上げるもの」という世界中の自動車メーカーにとっては"目からウロコ"のエンジンコンセプトでした。単なるカタログ馬力でなく、実際に使いやすく燃費の良いエンジンはどうあるべきかを、実際に示してくれました。これによって、それまでの4バルブは馬力を出すためのものであり、馬力が出ていないと売れないという"馬力の呪縛"から逃れることになりました。以降、すべてのエンジンは狭角4バルブが基本となっていきました。

第Ⅲ章
適合性を高める可変装置

1. 吸気の動的効果を高める吸気制御装置
～運転条件に合わせるのが基本～

　狭角4バルブでエンジンの考え方について方向性が決まりましたから、その次には低速も高速も優れたエンジンを目指すことになります。自動車用エンジンは吸気系の動的効果を利用することによって、出力向上を図ることが行われてきました。吸気管内の圧力波を制御することです。吸気バルブの開き始め時期には吸気管内の圧力を高めて燃焼室内の掃気を良くし、吸気バルブの閉じ終わり時期には流れている吸気流の慣性を高めて多くの吸気をさせるという考え方です。昔から考え方は知られていましたから、実現するためにこれまでにいろいろなやり方の特許が出願されてきました。燃料噴射が採用されることで、吸気系を積極的に出力向上に利用できるようになったわけです。電子制御による可変化技術の進展によって実用化されたものも多くあります。**図表3-1**に吸気制御に加えて後述するバ

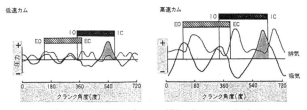

図表 3-1　V6 エンジンの吸排気ポートの圧力波形

ルブの可変を行ったV6エンジンの吸排気ポートの圧力波形の例を示します。吸気閉じ終わりの圧力を高めることを目指しているのが理解できます。

　上記の考えで吸気管内の圧力を制御することが行われてきました。以下の分類は圧力波制御方法の一つの見方ですから他の分類もあると思います。紙面の都合上、各１例ずつに過ぎませんが以下に掲げます。開発が行われたのがいつ頃かが分かりやすいため、公開特許番号で示します。ある考え方が発表されると、他のやり方や、別の考え方が他のメーカーから出てきます。そのため、ある時期に集中して開発されていることもわかります。

（1）管スライド式

　スロットルバルブ下流の吸気膨張室に吸気管を伸縮可能に形成し、吸気管を低速時には長く、高速時には短くなるようにスライドさせる。**図表3-2**に示します。（特開昭59-101535）

（2）中間部開閉式

　吸気固定管の管端部と距離を置いて固設された延長管とを摺動可能な中間延長管により離接自在とし、吸気慣性管の長さを変える。**図表3-3**に示したものです。（実開昭57-63922）

（3）長短管切り換え式

　吸気管の途中に分岐管を設け、回転数に応じてシャッターによって吸気管をいずれかの通路に切り換える。**図表3-4**に示したものです。（実開昭56-2021）

（4）渦巻室式

　中央の回転部材の開口位置を変えて、エンジン回転数が低い場合は管長を長く、エンジン回転数が高い場合は管長を短くするように可変する。図は可変バルブタイミングとの組み合わせ例。**図表3-5**のものです。（特開昭60-156928）

（5）複通路式

　２つの吸気通路とこの吸気通路に備えた２つの開閉弁と、一方の開閉弁をバイパスする面積小で長さ大の低速吸気通路用を備えて、低速域では開

閉弁を閉じることでバイパス通路から低回転に合った吸気慣性効果が得られるとともにスワールを発生する。高速では開閉弁を開いて短い2つの通路から吸入する。**図表3-6**に示しました。（特開昭60-224934）

（6）通路面積可変式

　低・中速用吸気通路と高速用吸気通路を備えて、低・中速域では高速用吸気通路に備えた制御弁を閉じて長い低・中速用吸気通路から吸入し、高速域では制御弁を開いて抵抗の少ない高速用吸気通路からも吸入し、バイパス通路によって低・中速用吸気通路の吸気抵抗を減少させる。**図表3-7**のものです。（特開昭58-48715）

（7）等価管長可変式

　低速時には開閉弁を閉じて開放端まで長い等価管長で、高速時には開閉弁を開いて開放端までの長さを短くして、実質的に管長を切り替えることで低速から高速までの体積効率を上げる。**図表3-8**に示します。（特開昭60-164620）

（8）左右管連通式

　左右スロットルバルブの下流で左右の吸気管を連通する連通路に開閉弁を設け、高回転で開閉弁を開くと連通部が開放端に相当するため管が短くなり、固有振動数が高くなって高回転の性能が向上する。**図表3-9**に示したものです。（特開昭60-90922）

　吸気制御は、エンジン回転数に同調して圧力波を制御するものですから比較的実現しやすく、そのためこのように各社から多くの考え方による事例が提案されたわけです。

　実用化されたものの一例を**図表3-10**に示します。2つの吸気通路を独立して、一側を低速用、他側を高速用として、低速時には高速用ポートを閉じるというものです。低速時には長い吸気通路によって吸気慣性効果を利用することで低速時の充填効率が上がり、低速トルクが向上するとともにスワールによる燃焼改善効果も得られ、高速時にはバルブを開いて高速用ポートからも吸入して、出力を得るものです。トヨタは1982年にT-VIS

（Toyota Variable Induction System）の名称でマークⅡなどに搭載された1G-GEエンジンから、日産はNICS（Nissan Induction Control System）の名称で、4バルブとなってスカイラインなどに搭載された1985年のRB20DE系エンジンから適用されたものです。**図表3-6**のものはCA18DE

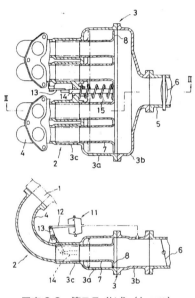

図表 3-2　管スライド式（ヤマハ）

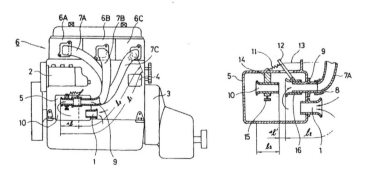

図表 3-3　中間部開閉式（ヤンマー）

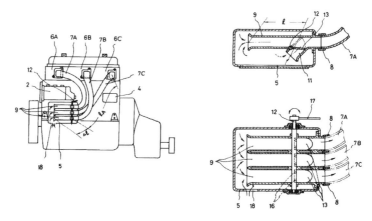

図表 3-4　長短管切り換え式（ヤンマー）

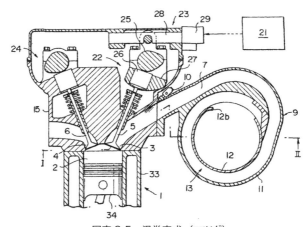

図表 3-5　渦巻室式（マツダ）

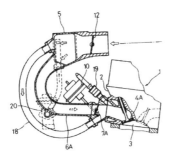

図表 3-6　複通路式（日産）

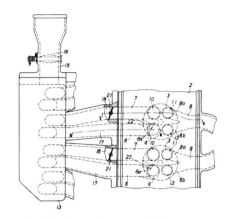

図表 3-7　通路面積可変式（トヨタ）

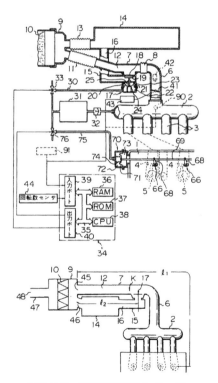

図表 3-8　等価管長可変式（トヨタ）

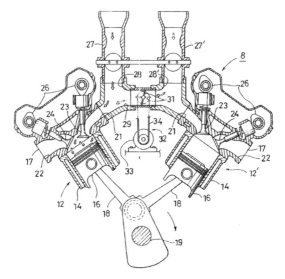

図表 3-9　左右管連通式（ヤマハ）

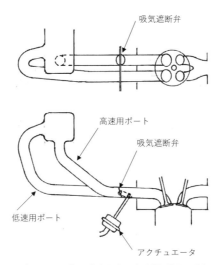

図表 3-10　実用化された吸気制御装置の例

エンジンに用いられていたものです。

　紹介した事例は実用化されたものばかりではありませんが、吸気制御の考え方の例として示しました。これらはすべて4サイクルについてのものです。

　排気についても圧力波制御が考えられます。マツダのSKYACTIV-Gの4-2-1排気系は、オーバーラップ時は負圧を同調させて、燃焼室内の残留ガスを低減するために採用されました。しかし、一般の自動車用エンジンでは、排気ガス対策のために触媒までの距離を短縮したいので、圧力波制御が積極的に用いられることはありません。

　一方で、二輪車では排気制御が重点として数多く考えられてきました。気筒ごとに独立した排気系が採用でき、排気管の長さも自由に設定できるからです。また2サイクルエンジンについては排気の圧力波制御が支配的です。2サイクルエンジンの特性を決定するのは排気系であるといっても過言ではない重要なものです。そのためこちらも多くの事例がありますが、排気制御についてはここでは割愛します。

２．運転条件に合わせる可変動弁装置
〜変えられないものを変える〜

（１）可変バルブ・イベント＆リフト
〜最適条件でバルブを動かす〜

　一般にエンジンの運転回転数の範囲は約10です。アイドリング回転数が650rpmなら、最高回転数が6,500rpm程度です。通常のエンジンではそのようになります。可変装置を用いずに運転範囲が10を大きく越えるエンジンはほとんどありません。

　エンジンの設計仕様は最高出力を稼ぐことを優先して決められますから、通常使用する低回転・低負荷の運転条件では必ずしも最適な条件とはなっていません。エンジンの特性を決める重要な因子である、吸気・排気のバルブタイミングやリフトを運転条件に合わせて変えることができれ

ば、低回転でのトルクを上げて扱いやすくでき、高回転ではもっと高出力が得られる最適の条件で運転できると考えられます。そうすると、エンジンの運転回転数の範囲をもっと拡大できる可能性があります。

　しかし、吸・排気バルブはカムで開閉されていますから、機械的な構造で可変にするのは難題です。バルブの開閉作動は各部のバネ定数を考慮して設計し、精密にカム形状が決められているものです。静的な剛体として設計されているものではありません。複雑なメカニズムで剛性が低下したのでは採用できません。バルブ可変は、「分かってはいるけどできるとは思えない」もので、「できたらいいな」の"ドラえもん"レベルというものでした。

　そこに、1982年に三菱自動車によってMDと呼ばれる可変バルブ機構による気筒数可変が採用されました。低負荷時には、4気筒のうち2気筒で運転することによって燃費を改善するものです。単に燃料供給を止めて2気筒としたのでは、空気ポンプとして作動することによるロスになるし、その空気によって排気温度を低下させるので、運転再開時に触媒が作用できなくなります。燃料カットだけでは無理です。そのため、吸・排気ともバルブを休止させて、ピストンの作動による空気の送り出しをなくしてポンピングロスの発生をなくすようにしたものです。続いて1983年にはDOHCの3バルブエンジンに、低速時には吸気1バルブ、高速時には2バルブとするダッシュ3×2が採用されました。

図表 3-11　三菱ランサーフィオーレ（MD 搭載車 /1982 年）

一方、1983年12月にホンダから二輪車エンジンにREV（Revolution-modulated Valve control）と呼ばれる可変動弁装置が採用されました。回転数応答型バルブ休止機構です。吸気2バルブのうち、低回転で1つのバルブを休止させるものです。バルブごとにそれぞれのロッカーアームを用いて、油圧によるピンの出し入れによってロッカーアームの接続を切り換えるものです。カムは1つで、作動させるロッカーアームを1つもしくは2つに切り換えます。高回転では2バルブで性能を維持しながら、低中速域では1バルブでトルク向上とスワールによる燃焼改善によって、乗りやすさと燃費改善を図るものです。**図表3-13**に示します。

　それまで、低回転と高回転とのそれぞれで、バルブの作動に求められる特性は**図表3-14**に示すように異なるものと考えられていました。カタロ

図表3-12　ホンダ CBR-400F（REV 搭載車 /1983 年）

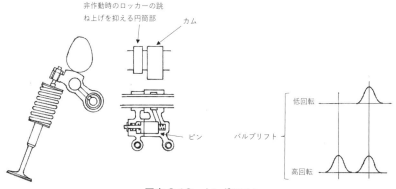

図表3-13　ホンダ REV

グに表示するため高回転での出力が求められてきましたから、1つのカム
では低回転での燃費重視にはなっていませんでした。

　そこに、1989年に自動車用としてホンダから世界初の可変バルブ・イ
ベント＆リフト機構がインテグラに搭載され登場しました。**図表3-15**に
示すVTEC（Variable valve Timing and lift Electric Control system）と呼
ばれるものです。

　VTECは低速用カムと高速用カムの2つのカムを備え、2つのロッカー
アームの動きを油圧ピストンの動きで切り換えるものです。低回転では狭
いバルブ開弁角度と小さなバルブリフトとして低速トルクを向上させ、高
回転では広いバルブ開弁角度と大きなバルブリフトによって従来以上の高
回転と高出力を得るものです。作動の基本的な考え方はREVです。第Ⅱ
章で説明したように、低回転ではバルブ作動の摩擦損失割合は大きいです
から、小さなバルブリフトは損失低減にも効果があります。

　低回転と高回転それぞれに最適なバルブリフトと開閉時期を切り換える

	吸気タイミング		排気タイミング		開弁角度	リフト	バルブ休止
	開弁時期	閉弁時期	開弁時期	閉弁時期			
燃費重視	遅く	早く	遅く	早く	狭く	低く	要
出力重視	早く	遅く	早く	遅く	広く	高く	不要

図表 3-14　エンジン性能とバルブ作動特性

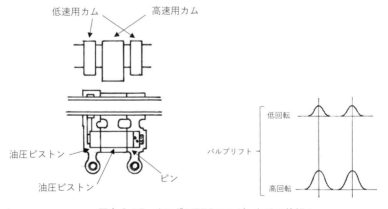

図表 3-15　ホンダ VTEC エンジンとその仕組み

図表 3-16　ホンダインテグラ XSi（VTEC 搭載車 /1989 年）と VTEC エンジン透視図

ことで、全域の高性能化が実現されました。現実にエンジンの運転回転数の範囲を10以上に広げたわけで、自然吸気の自動車用エンジンで初めてエンジンのリッター当たり馬力（排気量の違うエンジンを同列で比較するために1,000cc当たりに換算して馬力を比較する見方）が100PSを実現し、のちにタイプRという市販車の出現につながりました。

　その後、VTECを排気側にも備えるとともに、**図表3-17**に示す希薄燃焼エンジンのために3段階に制御できる3ステージVTECや、吸・排気バルブを停めるバルブ休止も加えて6気筒を負荷に応じて4気筒、3気筒運転を可能とする気筒数可変機構などに展開されていきました。

　日産では、ロッカーアームとサブロッカーアームの接合を油圧によるレバーによって低速用、高速用のカムを切り換える、NEO-VVLが開発されました。

　トヨタではロッカーアーム内のロックピンが油圧によって移動し、スリッパを固定することで高速カムに切り換わるVVTL-iが開発されました。

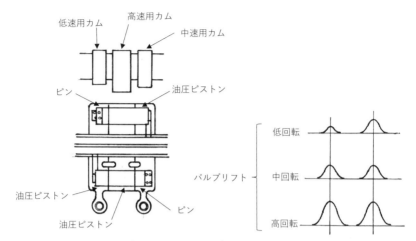

図表 3-17 ３ステージ VTEC の仕組み

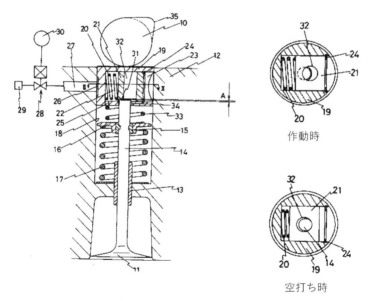

図表 3-18 直動式バルブ休止アイデア（アイシン精機）

三菱のMIVECは、低速用と高速用の2つのロッカーアームの間に配置したバルブを押すT型レバーとの結合制御を、回動中心部の油圧ピストンで行うものでした。

　VTECはロッカーアームを用いる方式ですが、カムがリフターを介して直接バルブを作動する直動式においても、実現するための多くのアイデアが出されています。**図表3-18**に空打ちさせて休止させるものの一例として、リフター内にプランジャを設けて油圧によってプランジャを移動させてバルブを作動させたり、空打ちさせたりするというものを示します。（特開昭61-8416)

　低速用カムと高速用カムの切り換えについては、**図表3-19**はフターを内筒と外筒の2重構造にして、連結が切り離されていると外筒は空打ちとなって、低速カムによって内筒が押されてバルブを作動させる。油圧が加わるとピンがスライドして、外筒と内筒が一体となって高速カムからバルブが駆動されるというものです。（特開平06-17630)

　VTECのカム切り換え式は段階的にバルブリフトと開弁角度を選択使用するものです。そうすると、もっと細かく連続的に可変にするという考え方は自然なことです。そのために油圧によってバルブを駆動する考えのも

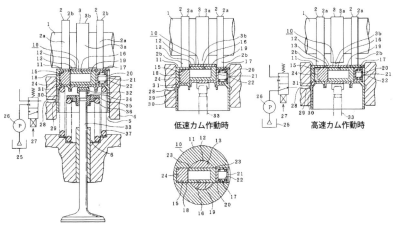

低速カム作動時　　高速カム作動時

図表 3-19　直動式カム切り換えアイデア（オティックス）

のがあります。電磁弁によって油量とタイミングを任意にコントロールするものです。ホンダのHVT（Hydraulic Variable-Valve Train）は研究レベルのものでしたが、**図表3-20**に油圧駆動方式の例として示します。

　それに対し、2001年に機械的方式でバルブリフト量と開弁角度の連続的な可変を可能としたものがBMWのバルブトロニックです。カムから縦に配置された中間レバーによってロッカーアームを作動させるようになっていて、中間レバーの上部の支点位置を変化させると揺動レバーの角度が変わることによって揺動位置が変化します。そのためカムが中間レバーを押したときに移動する距離と、中間レバーがロッカーアームを押したときの移動距離の比を変化させてリフトと開弁角度を変化させているものです。

　これでアイドリング時から最高出力時まで、運転制御にバルブリフトと開弁角度を無段階に広範囲に制御することが可能となりました。吸気バルブによって吸入空気量を制御することが可能になったわけで、ガソリンエンジンの常識であったスロットルバルブが存在しない初めてのものでした（ただし、緊急用としてのスロットルバルブは装備されている）。

　2007年トヨタからはバルブマチックと呼ばれる名称で、日産からはVVEL（Variable Valve Event and Lift）の名称で、バルブリフトと開弁

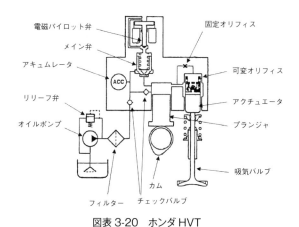

図表 3-20　ホンダ HVT

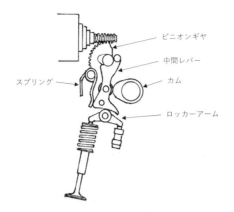

スプリング

ピニオンギヤ

中間レバー

カム

ロッカーアーム

図表 3-21　BMW バルブトロニック

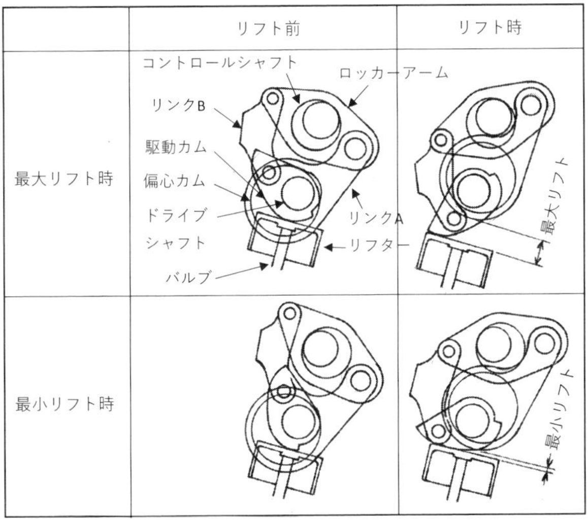

	リフト前	リフト時
最大リフト時	コントロールシャフト リンクB 駆動カム 偏心カム ドライブシャフト バルブ ロッカーアーム リンクA リフター	最大リフト
最小リフト時		最小リフト

図表 3-22　日産 VVEL

角度を無段階に可変できるシステムが実用化されました。**図表3-22**に
VVELの作動を示します。ドライブシャフトの偏心カムが回転することに
よってリンクAを介してロッカーアームが揺動します。ロッカーアーム
の他端からリンクBによって駆動カムを揺動します。駆動カムは通常のカ

ムを半分にしたような形状で、揺動することによってリフターを押し下げ
てバルブを作動させます。ロッカーアームがコントロールシャフトの偏心
カムに支持されているので、回動させることによってロッカーアーム他端
の位置が変わり、駆動カムの角度が変化します。バルブの高リフトが要求
される時には駆動カムが作動を始めるとすぐにリフターを押し下げて、広
い開弁角度でリフターを作動させます。一方、低リフトが要求される時に
は駆動カムが作動し始めてもカムのベース円の位置のままであって、ロッ
カーアームの回動する最後の付近でリフターを押し下げます。開弁角度も
狭くなります。このようにして、バルブリフトと開弁角度を連続的に変化
させるものです。

　では、バルブリフト量と開弁角度を連続的に可変して、スロットルバル
ブを廃止できるようにしたら、何が良くなるのかということが問われま
す。これによる利点は、スロットル急開時のツキの良さであるとされてい
ます。スロットルがあると、スロットルを開けても容積のある吸気コレク
タから吸気管の圧力が上昇するまでの時間がかかるのに対し、スロットル
バルブがないと、吸気バルブ直前まで大気圧なので即座に吸入できるから
ということです。スロットルバルブから吸気バルブまでの容積をゼロにで
きるからです。

　スロットルバルブを廃止できるからといって、ディーゼルエンジンのよ
うに運転条件に関係なく行程容積分の吸気をするというわけではありませ
ん。吸気量をスロットルバルブで制御するか吸気バルブで制御するかであ
るだけなので、低負荷運転での吸気ポンピングロスが低減できるわけでは
ありません。

　VTECによるバルブ・イベント＆リフトの可変は、低速と高速でのバル
ブ作動を最適化することによって燃費、排気ガスと出力を両立させて、
エンジン運転効率化の効果が認められたため商品力の強化につながりまし
た。技術的には段階的でなく連続的な無段可変が望ましいとは考えられ
ますが、その効果が明らかに分かるものでなければ商品力につながりにく

くなります。段階的可変では得られない無段階可変の効果をどのように出せるかです。

（2）可変バルブタイミング

〜簡単でも効果は大きな世界標準〜

バルブリフトと開弁角度は同じですが、開閉の時期を早くしたり遅くしたりすることによって、運転状況に最適なバルブタイミングでの運転を行うものです。**図表3-23**には吸気バルブの開閉時期を変化させる場合を示しています。

日産自動車が1986年に採用したNVCS（Nissan Valve timing Control System）と呼ばれる可変バルブタイミングコントロール装置は、吸気カムスプロケットとカムを連結する部分にヘリカルギヤを設け、油圧で軸方向に動かすことによってカムの位相を2段階に制御するものでした。低中速高負荷時に吸気タイミングを早めて閉じ時期を早くして、体積効率を大き

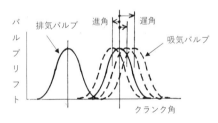

図表 3-23　バルブタイミングの可変

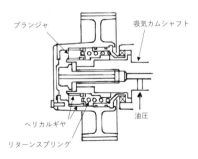

図表 3-24　ヘリカルギア式 VVT

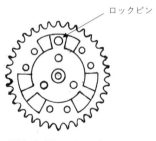

ロックピン

図表 3-25 ベーン式 VVT

くして低速トルクを向上させるものでした。

　その後、エンジンの回転数や負荷によって、バルブの開閉時期を変化させることで、広い範囲で効果が得られるようになりました。作動としては、アイドリングを含めた低負荷時には開弁時期を遅らせてオーバーラップを小さくして、排気ガスの燃焼室への持ち込みを抑えて燃焼を安定させます。中負荷域では開弁時期を早めてオーバーラップを大きくして、排気ガス量とEGR率を大きくすることで、ポンピングロスの低減とNO$_X$の低減を図っています。高負荷・低中速域では開弁時期を早めてオーバーラップを大きくすることで吸気バルブを早く閉じ、圧縮開始時に吸気ポートへの吹き返しを防いで、体積効率を大きくして低速トルクを向上させます。高負荷・高速域では開弁時期を遅らせて吸気バルブ閉じ時期を遅くして、下死点以降の吸気の流入による体積効率を上げて出力向上を図っています。

　1997年にアイシン精機がベーン式の位相角連続可変型を開発し、簡単な構造から国内はもちろん欧州など多くのメーカーも採用するようになり、軽自動車にも用いられるようになっています。VVT(Variable Valve Timing)といえば、ベーン式であるような印象となっています。

　吸気だけでなく排気についてもタイミング可変が採用されるようになっています。中負荷域で開弁時期を遅らせて有効ストロークを大きくするとともに、オーバーラップを大きくする効果を得ています。

3. ガソリン圧縮着火(HCCI)が可能にする超希薄燃焼
〜究極の燃焼法の実現か〜

　リーンバーンは燃費改善に効果がありながら、リーンでは三元触媒が働かないので、排気ガス、特にNO_Xに対応できず消えていきました。成層によるリーンの実現では濃い部分からのNO_X排出が残ります。

　しかし、さらなる燃費向上を目指すと希薄燃焼は有力な方向です。それはA/F(空燃比)を従来のような18程度でなく、もっとリーンにするということです。30以上というような超希薄領域では、NO_Xもほとんど排出しないわけです。希薄な混合気にするほど燃焼温度が下がるためです。しかし、そのような超希薄混合気を安定して燃焼させるためには点火プラグでは不足で、高圧縮比にして圧縮着火にすることが必要であるとされてきました。均一予混合圧縮着火HCCI(Homogeneous Charge Compression Ignition)と呼ばれる技術です。ディーゼルエンジンのように点火せずに燃焼させるものですが、ディーゼルほどには圧縮比を高めなくても良いので、ディーゼルエンジンの熱効率を上回るともいわれる画期的なエンジンが実現できるといわれてきました。

　圧縮比を高めて燃焼室内を高温にして自着火させるわけですが、ディーゼルと違い混合気に自着火させるために、ごく限られた運転領域しか圧縮着火が成立しないことが問題でした。低負荷では温度が上がらないので自着火せず、逆に負荷が高まると激しく燃焼してノッキングを発生するわけです。それをどのように制御するかが問題でした。

　自着火にこだわって成立条件の狭い圧縮着火だけを目指すのでなく、点火プラグを用いた火花点火を併用すれば範囲は拡がるわけです。自着火だろうが火花点火だろうが超希薄混合気が燃焼できれば良いわけです。そうして常用運転域での広い範囲で超希薄燃焼を実現し、ほとんど使わない高回転や高負荷域では通常の理論空燃比燃焼にするというやり方で、とにかく超希薄燃焼での運転を可能にしたものがマツダの火花点火制御圧縮着火SPCCI(Spark Controlled Compression Ignition)です。

```
高エネルギー点火装置
    希薄な混合気に着火するため100mjと高めた点火エネルギー
高圧直噴インジェクター
    燃料噴射圧を80～100MPaに高めて霧状に噴射する
動弁系
    吸気：電動VVT      排気：電動VVT
圧縮比
    16
空燃比
    常用域：30以上      高回転・高負荷域：14.7（理論空燃比）
筒内流れ制御
    スワール制御弁
EGRクーラー
    冷やしたEGRで筒内温度を制御し、高負荷時の燃焼を抑える
筒内圧センサ
    筒内圧の変動に合わせて点火時期を制御する
ルーツ式スーパーチャージャー
    170～180kPaの過給圧で空気とEGRを過給する
```

図表 3-26　マツダ SPCCI（SKYACTIV-X）の構成技術

　これは超希薄混合気運転を実現してCO_2排出量を大きく減らすことが目的ですから、純粋なHCCIでなければいけないわけではありません。むしろ、圧縮比16というガソリンエンジンでは考えられない高圧縮比での高負荷運転を可能にしたことは称賛されるべきです。EGRを用いて燃焼室内温度の制御を行い、加えて高負荷時の爆発的な燃焼を抑える役割も持たせています。燃料噴射圧も80～100MPaという高圧です。

　そうすると、高負荷では燃焼するための吸入空気量が減るので、出力を得るために過給機を備えてもいます。リーンではどうしても加速時の非力感を伴いますが、そのために従来のリーバーンが採っていたリッチにするのでは燃費改善効果が薄れるので、過給機で充填効率を上げるやり方で対処しています。商品として考えれば「燃費を良くするために出力は犠牲に

図表 3-27　マツダ 3（SKYACTIV-X 搭載車 /2019 年）

しました」では成立しませんから、必要な要件となります。2019年にマツ
ダがSKYACTIV-Xとして世界に先駆けた超希薄燃焼を実現しました。

　同じ超希薄燃焼でも、2020年にスバルが発売したCB18型エンジンの着
火アシストリーン燃焼は、構造的には従来と全く変わらずにスーパーリー
ンバーンを可能にしたという点で注目される技術です。全体の空燃比は
30以上です。そこに点火プラグ付近にだけ着火可能な濃度の混合気を形
成させるというものです。積極的な成層というものではありません。

　点火プラグと並んで配置され、上から下に向かって噴射するインジェク
ターが、下死点付近で燃料を噴射して均一な混合気を形成します。そし
て、点火の直前にごく微量の燃料を噴射するわけです。燃料の噴射圧は
35MPaと今日では普通程度です。微量の燃料を噴射するにはごく短時間
での噴射が必要となります。通常、インジェクターの通電時間が最も短い
のはアイドリングの時です。しかし、点火前に噴く微量の燃料には、アイ
ドリング時の噴射量は多すぎます。そのような微量の燃料をどのようにし
て噴射するかということです。インジェクターの噴射ノズルがリフトし終
える前に、リフトの途中で通電を止めるというやり方です。第Ⅰ章で説明
したディーゼルの多段噴射のやり方と似た考え方です。

　通常、インジェクターには通電時間と噴射量を比例させるとともに、最
大流量と最小流量の比、即ちダイナミックレンジを大きくすることが求め

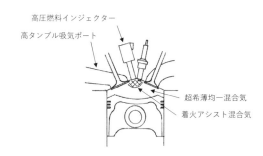

高圧燃料インジェクター

高タンブル吸気ポート

超希薄均一混合気

着火アシスト混合気

図表 3-28　スバルの着火アシストリーン燃焼概念図（点火前）

図表 3-29　スバルレヴォーグ（着火アシストリーン燃焼搭載車 /2020 年）

られます。そのため、矩形形状のリフト特性を求めているのですが、その逆の、リフト立ち上がりを緩くした特性のものが用いられています。

　そのようにして点火プラグ付近に火炎核が成長できるようにしているわけです。しかし、それだけでは燃焼室の超希薄な混合気を素早く燃焼させるには不足です。そのため、タンブルを強化した吸気ポート設計が採られています。第Ⅱ章で説明したタンブルによるリーン限界延長の効果が用いられているわけです。これによって広い運転領域での超希薄燃焼を実現しています。

　圧縮着火という新たな技術を用いることなく、火花点火による従来技術でもって超希薄燃焼を可能にしたという点で称賛されるべきものです。そして何より、2例とも世界のメーカーに先駆けて超希薄燃焼を実現したことは、日本のエンジン技術の高さを知らしめるべき出来事です。

4．基本諸元可変装置
〜とうとうここまで可変になった〜

（1）可変圧縮比

　吸気系が可変されて、さらにバルブの開閉も可変可能となりました。エンジンの可変化が進むと究極は圧縮比の可変になるとも考えられます。圧縮比を上げれば熱効率は上がりますから、燃費は良くなります。しかし、圧縮比を上げるとノッキングが発生するので、そこでは下げる必要があります。運転条件によって圧縮比を変更することができれば、効率の良い運転が可能となります。

　可変圧縮比は、常用運転領域では圧縮比を上げて、逆に高負荷などの領域では圧縮比を下げるというものです。ところで、可変バルブタイミングで吸気バルブの開閉時期を制御することは、吸気バルブが閉じて圧縮が始まる時期を変えるということですから、実質的な圧縮比可変がされているわけです。ですから、これも可変圧縮比であるともいえます。しかし、可変バルブタイミングで実現していることは、圧縮比可変比の目的を満たすには不十分か、必ずしも一致しません。

　圧縮比を可変にするには、主に1）燃焼室容積を変える　2）コンロッドの長さを変える　3）ピストンのコンプレッションハイトを変える、などの方法があります。他にシリンダブロックを上下に動かすなどの大がかりなものなど、数多くあります。

　1）〜3）は変更が少なく簡易的な方法といえるものですが、1）の燃焼室容積を変化させるのは、高圧の燃焼ガスをシールすることと燃焼室形状を変化させることになり、低圧縮比のときに無駄な容積ができ、さらにガス流動などに影響する問題があります。2）や3）のピストンやコンロッドの長さを油圧を用いて変化させるのは、2段階の変化となりますが、往復質量の増加や高油圧の制御などが問題となります。

　2018年に実用化された日産の可変圧縮比VCR（Variable Compression Ratio）は、リンクを用いてピストンの上下位置を無段階に変化させるもの

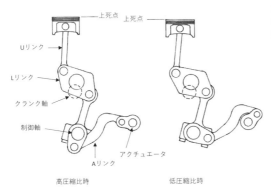

図表 3-30　日産の VCR エンジン

図表 3-31　日産 VCR エンジンモデル（2016 パリモーターショー）

図表 3-32　日産インフィニティ QX50（VCR 搭載車 /2018 年）

です。

　リンクの位置を変化させることで、ピストン上死点位置での高さを変化させて圧縮比を 8 〜14 に変化させるものです。通常使用する低中負荷の低中速回転域では14 での圧縮比に設定されており、高負荷高回転では 8 に下げられます。

　4 気筒すべての圧縮比を同時に変えるためにはモーターと減速機のアクチュエータとしての出力も必要ですが、ハーモニックドライブを用いることで大減速比を可能として小型化を実現しています。第Ⅱ章で説明したよ

うに、クランクピン部に加わるリンクの質量増加によって摩擦損失は増加していると思われますが、ピストン上死点から下降時のコンロッドの傾きを少なくする配置によって、ここでの摩擦損失を低減することでデメリットを抑えるようにしています。

　通常、ロングストロークにするとコンロッドの振れによってピストン下端が干渉するのを防ぐため、コンロッドが長くなり、即ちエンジン高さが大きくなります。VCRエンジンはUリンクの振れを小さくできるため、ロングストロークが実現しやすいとされています。

（2）可変膨張比

　アトキンソンサイクルと呼ばれる、圧縮比よりも膨張比を大きくするサイクルでは、燃焼ガスを大きな体積まで膨張させることによって取り出せる仕事量を増やせることになります。吸気の下死点よりも膨張での下死点位置が下になってストロークが大きくなるようにするものです。

　図表3-33は、クランクピン上のリンクの一端にコンロッドが、他端にスイングロッドが配置され、スイングロッドはクランクの1／2の速さで回転するエキセントリックシャフトに連結しています。このため、クランク1回転目の吸気下死点よりも2回転目の膨張下死点のリンクの傾きが大きくなるため、ピストンの位置が下に行くようになります。具体的には、

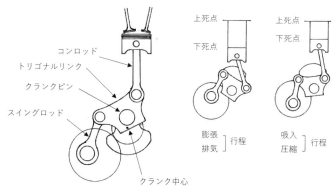

図表 3-33　ホンダの高膨張比エンジン

図表 3-34　ホンダ家庭用コージェネ向けガスエンジンジン

圧縮比12.2に対して膨張比17.6が得られています。

　膨張行程を長くすることによって膨張エネルギーを有効に取り出せることを狙っているものですが、クランクピン部にリンクの質量が増加するため、ここでの摩擦損失が増加することにより、効果が打ち消されてしまうのは上記可変圧縮比の場合と同じです。このため、ピストン上死点から下降時のコンロッドの傾きを少なくする配置にして、摩擦損失を低減しているのも同様です。これは2011年に発売されたものですが、何より、都市ガスまたはLPガスを燃料とする家庭用コージェネ向けのガスエンジンであるため、1,950rpmという低回転での運転であることが有利であったと考えられます。

　上記のエンジンがいずれも上死点からのコンロッドの傾きが小さくなるようにして摩擦損失を低減しているのは、**図表2-35**で説明したオフセットクランクと同じです。

（3）可変連桿比

　高回転化を図るためにビッグボアショートストロークとしたエンジンではバルブ面積も大きいため、ピストン上部のバルブ逃げ面積が大きくなり、圧縮比が確保できないとか燃焼室形状の凸凹に伴う燃焼の悪化をきたしやすくなります。

　クランクピン上部に偏心機構を備えて、偏心部を回転させることで、（クランク半径R/コンロッド長L）を周期的に変化させて、オーバーラップ時

の上死点よりも圧縮・膨張時の上死点でのピストン位置が高くなるように
したものです。偏心の位相角を変えることでピストン位置が変化できるた
め、圧縮比が可変できる可変R／Lエンジンです。運転中に外部からモー
ターによって圧縮比の可変が任意に調整可能です。

　1995年に発表されたものは125ccのストローク/ボア比0.63という超
ショートストロークエンジンでの結果です。圧縮比確保のための圧縮上死
点位置より吸気オーバーラップ時の上死点位置が低くできることから、バ
ルブとの干渉によるピストン凹みを小さくできます。このため、燃焼室形
状改善効果によってトルクが向上しています。高回転を目的としたバルブ
オーバーラップの大きなエンジンでは、吸排気系の圧力波制御によって
オーバーラップ時に燃焼室の残留ガスが新気と置換されて吸入空気量が増
加し、吸気行程下死点でのシリンダ容積が増加するため、全負荷性能が向
上しています。しかし、部分負荷時の燃費は悪化する結果となっています。
これは、クランクピン上で偏心部を回転させるギヤの質量による遠心力
が加算されるうえ、クランクピンとの滑り速度が1.5倍となることによる、
摩擦損失の増加によるものとされています。なお、この時の部分負荷時の
回転数は5,000rpmでテストが行われています。

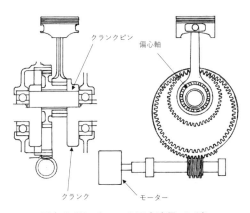

図表 3-35　ヤマハの可変連稈エンジン

第Ⅳ章

2サイクルエンジンの
特性と欠点の原因

1. 高出力が2サイクルの特徴
〜エンジンの目的は馬力です〜

　2サイクルエンジンはバルブ機構を持たないため、構造が簡単なことは
申すまでもありませんが、二輪車用としてレース参加が続けられてきて、
特に出力向上への努力がされてきました。

　二輪車のレースでは1960年代後半から2サイクルだけの戦いとなって
いました。出力が4サイクルではとても及ばなくなったからです。2サ
イクルの性能向上には吸入する空気量はもちろんですが、排気、掃気ポー
ト面積の拡大が効果的で、出力向上に向けてポートの数も増えていきまし

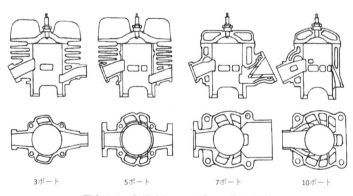

| 3ポート | 5ポート | 7ポート | 10ポート |

図表 4-1　2サイクルエンジンのポート配置

た。排気ポート上端の幅を拡げると、強い圧力波が利用できるためトルクが上がります。数を増やした掃気ポートは噴き出し方向を違えることで、燃焼室内の残留ガスの押し出しが効率よく行われるようになります。

　2000年頃から規則が変更されてレースが4サイクルに移行しましたが、2サイクル終期の頃のレース用エンジンのリッター当たり馬力では、400PS（294kW）を超える出力となっていました。ターボを用いているわけではありません。自然給気エンジンでは最も高いと思います。

　2サイクルエンジンの性能を決める要素のうちで、大きなものとして排気系があります。**図表4-2**に示すように、(a)の上死点では排気管内の圧力波は低い状態です。(b)で排気孔が開くと燃焼ガスが排出され圧力波が排気管からつながるチャンバに向かって進みます。(c)ではチャンバ後端で圧力波が反射波となる状態です。シリンダ内は新気によって既燃ガスが掃気され、一部は排気孔から吹き抜けます。(d)になって排気孔が閉じられようとするとき、戻ってきた反射波によって吹き抜けた新気をシリンダ内に押し戻して充填効率を上げるように作用します。これによってトルクが向上するわけです。これが2サイクルエンジンにおける排気系の大きな

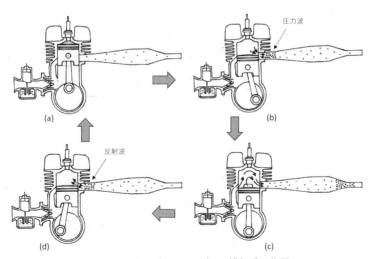

図表 4-2　2サイクルエンジンの排気系の作用

効果で、排気ポートタイミングと同調させることで性能向上を果たしているわけです。その後、ピストンが上昇して(a)に戻ります。圧力波はチャンバ後端からの排出によって低くなります。

　排気ポート開時期はピストン速度の最も速い時期に近く、一気に排気ポートが開くことによって高い圧力のままで圧力波として伝えることができるので、効率的な性能向上手段とできるわけです。

　では、それ以下の低回転ではどうかというと、排気ポートがまだ開いている間に圧力波が戻ってくるので、圧力によってシリンダ内の流動を乱すことになります。掃気の流動に加えて排気孔からの圧力波でシリンダ内流れはどうなるか、予想もつかなくなります。さらに、排気孔が閉じられる時期に負圧が戻っていると吹き抜けを助長するので、トルクも低下させます。２サイクルの低速トルクが低い原因の一つです。

　そのような排気圧力波を性能向上手段としている２サイクルエンジンにおいて、低速トルクを上げて乗りやすくするために、排気タイミングの可変装置が採用されました。２サイクルエンジンは前述した排気管の圧力波を利用して性能向上を果たしていますが、排気タイミングを遅くすると低

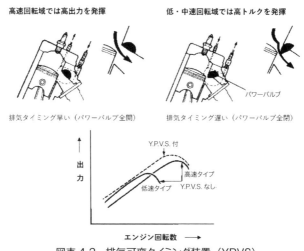

図表 4-3　排気可変タイミング装置（YPVS）

図表 4-4　ヤマハ YZR500（YPVS 搭載レーシングマシン /1977 年）

回転に同調して低速トルクが向上します。排気タイミングを早くすると高回転で出力が向上します。圧力波の速度は一定ですから当然そうなります。そのため、排気タイミングを変化させることによって圧力波が同調する回転数を変化させて、低速から高速まで性能向上につなげた可変排気タイミング装置が考えられたわけです。

　先鞭をつけたのが**図表4-3**に示す1977年のヤマハのYPVS（Yamaha Power Valve System）と呼ばれる、排気ポート上端部に鼓型の円周の一部を切り欠いたバルブを設けたものです。低速時には切り欠き部が下に来るようにしてピストンによってポートが開かれるタイミングを遅くします。高速時には切り欠き部が上に来てポートが開かれるタイミングが早くなります。回転数に応じてサーボモーター、または遠心ガバナーで制御するものです。バルブとピストンとの隙間は狭く設定されているので、バルブの切り欠き部によって開閉タイミングが設定されます。低速型エンジンと高速型エンジンの性能をつないだ、優れた特性が得られるようになりました。レース用に採用されて効果が確認されて以来、125cc 以上の市販車に採り入れられたものです。

2. 2サイクルでは避けられない低負荷時の不整燃焼、排気ガス低減の壁
～これこそが問題なのです～

　乗り物のエンジンとしては、とうに過去のものとなってしまった2サイクルエンジンですが、それは排気ガス問題に対応できない、エンジンの構造からくる問題があるからです。2サイクルエンジンはなぜ排気ガス低減が難しいかを改めて考えてみます。

　運転状態に関わらず2サイクルエンジンのシリンダ内ガス総量は常に同じで、残留ガスと新気との割合が変化しているのだと第Ⅱ章で説明しました。スロットル部分開度時の低負荷でも、高い圧縮圧力に加え高温の残留ガスによって点火前の温度が上がりますから、大量の残留ガスの中に少ない新気量という、燃焼しにくい状態でも燃焼が行われます。4サイクルエンジンでは到底運転不可能な残留ガスの多いガス組成でも運転できているわけです。

　そうはいっても、あまりに残留ガスの多いアイドリングなどの運転状態では燃焼できません。点火しても燃焼できないまま回転して次のサイクルになります。失火という状態です。すると、次のサイクルの掃気で新気が入ってきますから、その分残留ガスも減ります。そこで点火してもまだ燃焼できなければ、また次のサイクルになります。そうして新気の量が燃焼できるまで溜まったらそこで一度に燃焼します。不整燃焼といわれる3回転に1回とか、4回転に1回とかの燃焼サイクルで回転するわけです。パランパランと頼りない音の、不安定な感じの運転となるわけです。エンジンとしてはこれでちゃんと回っているわけですが、人間が頼りなく感じているわけです。

　数回転に1回の定期的な燃焼サイクルによって大きな回転変動が生じることで、ガクガクと車両を前後に揺する走行変動を発生するサージと呼ばれる現象を発生する場合もあります。

　これらは掃気に関わる問題です。さらに排気ポートの開閉タイミングが

下死点に対称であることも関係します。2サイクルエンジンの掃気特性を数量的に見るのに給気効率（Trapping Efficiency）があります。

　Gn：1サイクルに吸入したシリンダ内新気重量

　Gs：1サイクル当たり送入した新気重量

　Gh：行程容積の新気重量

とすると

　給気効率 η tr ＝ Gn／Gs

　で表されます。

　1サイクル当たり送入した新気重量と行程容積の新気重量との比（Gs／Gh）を給気比（Delivery Ratio）と呼び、給気比を横軸に、給気効率を縦軸にして表したものを**図表4-5**に示しました。

　給気比が増えるということはGsが大きくなることなので、ピストン上昇によって押し出される吹き抜けが増えます。一方、給気比が小さく不整燃焼が発生していると前サイクルの溜まった新気の一部も吹き抜けを発生します。このように、燃焼されないままで排気として排出されている燃料が、HC排出量を大きくしている根本的な原因です。ですから、η trを大きくすることが重要で、それにより排気ガスを改善でき燃費も良くなることになります。

　しかし、排気ポートの開閉タイミングが下死点に対称であるため、掃気

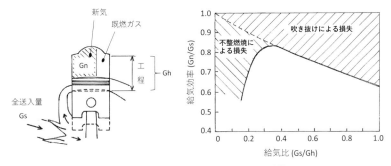

図表 4-5　2サイクルエンジンの掃気特性

行程で新気が既燃ガスを押し出し、そしてピストンが上昇することによって、排気ポートを閉じる際に新気も排気ポートから出してしまうという作用は、構造的に避けられない問題です。

　走行中にスロットルを戻すと、駆動輪からエンジンを回転するための抵抗によるエンジンブレーキが発生します。2サイクルは「エンジンブレーキの利きが悪い」といわれます。これは、エンジンが軽く回転できているということです。ですから、アイドリングで回転するために必要な燃料消費量は4サイクルよりも少なくてすむのですが、それによってさらに1サイクルごとの燃焼が難しいことになっているわけです。

　これを毎サイクル燃焼するようにするには、少ない量の新気を点火プラグ付近にだけ集めることです。残留ガスと新気とを分離した成層状態とすることです。第Ⅱ章で説明したホンダのCVCCや三菱GDIなど、4サイクルの成層は混合気の濃淡を設けるものですから、意味している成層の内容が異なります。これができないと不整燃焼を解決することはできません。

　走行時のような通常運転時では、ある程度新気の量が多くなっているので、不整燃焼なく運転できていますが、新気の量が多くなることは給気比が大きくなっている状態ですから、今度は吹き抜けが多くなります。排気や掃気のポート開閉タイミングが変化できると少しは良くなると考えられますが、新気と既燃ガスが完全成層で掃気できるわけでないので、吹き抜けをなくせるわけではありません。4サイクルに比べて桁違いにHC排出量が多いのは吹き抜ける新気に燃料が含まれるからです。4サイクルのようにバルブを持たないでピストンによってポートを開閉するので、下死点を対称にした開閉タイミングにしかなりません。構造上避けられないものです。

　クランク室には燃料だけでなく潤滑オイルも供給されます。そのオイルが燃焼室に流入して、燃えないで排出されるのでHCが多くなるのだという説があります。実際にはオイル分によるHC量は微々たるもので、ほとんど考えなくてよいくらいです。

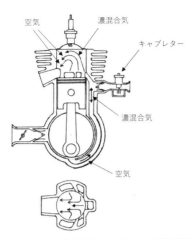

図表 4-6　成層給気システムアイデア例

　空気によって掃気すれば燃料の吹き抜けは発生しません。空気で掃気して別のポートから濃混合気を供給すれば良いだろう、吹き抜けるのは空気なのでHCは減らせるだろうと考えるのは自然です。そのような考えから、様々な成層給気コンセプトの提案がなされました。一例を**図表4-6**に示します。1970年代当時は小型エンジンにはキャブレターしか使えませんでしたから、混合気の供給は小型キャブレターで行います。

　結果の発表はありませんが、きっと予想通りには行かなかったとものと想像します。空気の掃気ポートと濃混合気のポートを同じタイミングで開いたのでは、吹き抜けが改善されるとは考えにくいし、わずかな量でも混合気が吹き抜けたのでは意味がありません。

　空気で掃気する考え方は間違っていないはずだから、燃料を噴射するようにすれば、掃気タイミングに縛られることがなくなります。自動車用で使われるようになった吸気管燃料噴射用のインジェクターを用いて燃料噴射するというものが**図表4-7**です。

　低回転低負荷では噴射時期を下死点くらいに遅くすれば、吹き抜けは低減できそうに思います。しかし、低圧で噴射された燃料は燃料粒が大きい

ですから、既に速度の低下している掃気流に噴霧を乗せて点火時期までに
うまく混合できるかというと、難しいでしょう。一方、高回転になってく
ると掃気ポート開時期と同時に噴射するくらいでないと噴射期間が間に合
わなくなりますから、これでは吹き抜けが低減できるようにはならないと
考えられます。これも結果の発表はありません。

　であれば、混合気を掃気タイミングと関係なく供給できるようにすれば
良いと、バルブを設けたものがIFP（フランス国営石油研究所）から発表さ
れた**図表4-8**に示すものです。クランク室には空気を吸入してピストン下
降によって圧縮された空気をサージタンクに溜め、空気で燃焼室を掃気し
た後、バルブを開いて、噴出する空気に乗せて噴射された燃料を一緒に燃
焼室に供給するというものです。自動車用の吸気管燃料噴射装置を用いて
います。

　吹き抜けさせないために、もともと高くないクランク室圧縮圧力を用い
て燃焼室に噴出させるのでは、排気ポートが閉じてからでは遅すぎます。
スロットルバルブは示されていませんので、混合気噴射の圧力と掃気のた
めに設けられていないものと考えられます。それでも、クランク室に吸入
した空気の一部を用いて燃料と一緒に噴出させても、空気量は多くないの

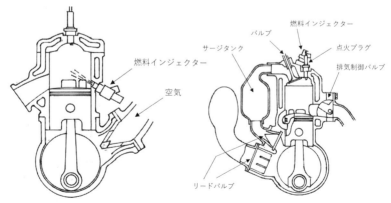

図表 4-7　燃料噴射を用いた　　　　　　図表 4-8　IFP 方式成層給気エンジン
成層給気アイデア

で燃料の微粒化は期待できませんから、掃気流動の強いうちにバルブを開いて早く噴出させないと混合が不十分になりCOやHCが発生します。

　何より、バルブを動かすにはカムシャフトが要るでしょうから（図に書かれていませんが）構造的には4サイクルです。それなら何も2サイクルにこだわることはないわけです。

　いずれも研究用として発表されたものです。燃料の吹き抜けをなくすため空気で掃気して、遅れて燃料を供給するうまい方法が無いのです。1970年代は吸気管燃料噴射装置しかありません。これでは燃焼室に直接噴射することはできません。その上、燃焼室内の流動がどうなっているのかも分かっていません。

　そもそも、4サイクルエンジンのように、排気が終わってから吸気するわけでなく、排気と掃気が同時に開いているオーバーラップ期間がやたら大きく、掃気ポートから噴き込まれた新気がどのような挙動をして、どのように既燃ガスと混合しているのかは分からないのです。2サイクルエンジンの説明に、掃気流が反転して排気ポートに向かっている図がありますが、本当にそのようなのかは分かっていません。こうなのだろうという想像なのです。そうであっても、実際にはシリンダ内の流れは排気管からの圧力波の影響を受けますからさらに複雑です。

　そのため、低回転で排気管の通路を絞って圧力波の影響をなくすことが行われました。**図表4-9**に示すように、排気管にバタフライバルブを設けて、スロットル低開度で閉じるのです。簡単なオン・オフ制御ですが、低回転での排気ガス低減や燃費改善に一定の効果がありました。吹き抜けを抑えることによって低負荷での出力が向上し、燃焼が改善されました。さらに、不整燃焼に伴って発生するサージを広い運転範囲で低減する効果がありました。サージとは、先に説明した低負荷で数回転に1回燃焼する周期的な変動が駆動系と共振して、前後にガクガクと揺すられる不快な現象です。

　排気バタフライバルブを軸とした改良で、排気量400ccクラスの2サイ

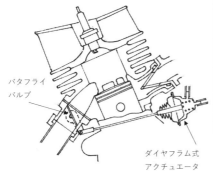

バタフライ
バルブ

ダイヤフラム式
アクチュエータ

図表 4-9　ヤマハの排気バタフライバルブ

図表 4-10　ヤマハ RD400Daytona
Special（1979 年）

クル二輪車で唯一、'79米国環境庁の排気ガス規制に対処したのが米国向けヤマハRD400 Daytona Specialです。

　排気バタフライバルブは、先にスバルの360ccの軽自動車に用いられたことがあります。アイドリング時の騒音低減のためという説明でした。

　シミュレーションができればシリンダ内の流動の理解が進むと思われます。しかし、クランク室の圧力で噴き出す掃気は、回転数やクランク角度によって圧力が変化するし、ポートの開度によって噴出する方向も変化します。掃気流は残留ガスに衝突して速度が低下し、残留ガスと混合します。そこに排気孔からの圧力変化も加わりますから、現象は極めて複雑です。とてもシミュレーションできるものではありません。４サイクルは、排気行程で既燃ガスが押し出されて何もないところに吸気バルブから新気が流入するので、シミュレーションもできますが、２サイクルはこのように多くの要因が絡んでいるので、解析が難しいわけです。

　では、シリンダをガラスで作って、モーターでクランクを回転させれば流れの可視化が可能になるのでないか、という考えがあります。空気と同じ質量の粉末を一緒に吸入させれば可視化できるはずです。「観てみれば分かる」とも思いますが、運転時とモーターで回転させるのとでは排気からの圧力が全く異なるので、あまり意味のないものになります。４サイク

ルでは各行程が独立しているので可視化は効果的ですが、2サイクルでは
使えないのです。

　このように、シミュレーションも可視化も4サイクルでは有効ですが、
2サイクルではなかなか難しいものとなっています。先に、アイドリング
時などで毎回燃焼させるためには成層にすることだと申しましたが、では
どうやってとなると想像でしかできないわけです。アイデアが正しいかを
検証するのはモノを作って運転してみるしかできないのです。なかなか考
えていたようにはいきません。このため、実現が極めて難しいことになり
ます。

　また、今日の4サイクルエンジンは熱効率を上げるためにロングスト
ロークとなっています。2サイクルエンジンは構造上、ロングストローク
が苦手でもあります。ピストン下死点の時のピストン上面と同じ高さに排
気ポート下端がありますが、ピストン上死点位置ではピストン下端で排気
ポート下端を閉じる必要があります。即ち、ピストンの長さは「ストロー
ク＋シール必要長さ」となるわけで、ロングストロークになるとピストン
が長くなって質量も大きくなります。**図表2-32**でピストンのボアと質量
を示しましたが、これは4サイクルのものです。2サイクルでは同じボア
ではこれよりも重くなります。

　さらに、**図表4-2**で説明したように、排気圧力波を有効に利用するため
には排気ポート幅を拡げて一気に排出することが効果的ですから、その
ためにはボアが大きい方が排気ポート幅が大きく得られるわけです。掃気
ポートも同様です。これは、4サイクルが必要なバルブ面積からボアが決
まるのと同様です。また、ストロークが長くなると掃気流が上昇して反転
して下降する距離も長くなるので、残留ガスと混合しやすくなることも予
想されます。熱効率を上げるにはロングストロークとして燃焼室をコンパ
クトにするのが原則ですが、それ以前に2サイクルエンジンには制約があ
るのです。バルブはなくても、ボアストロークについての設計的な自由度
は4サイクルほどには大きくありません。

3. ガソリン圧縮着火の先駆者は2サイクル
～欠点を優位に変えた～

　第Ⅱ章で4サイクルエンジンでは燃焼改善のために吸気流動が用いられてきたと説明しましたが、では2サイクルエンジンではどうなのかを考えます。**図表4-11**では模式的に描いてありますが、掃気行程では対向する掃気流がぶつかって上昇、反転して既燃ガスを押し出すと考えられていますが、これは縦流れなので、4サイクルと同じようにタンブルが発生しているわけです。

　スロットル部分開度時の低負荷でも、掃気流動によって発生するタンブルを用いて、高い圧縮圧力と高温の残留ガスによって少ない量の新気を何とか燃焼させているわけです。ところが、条件によっては点火をカットしても運転できている状態がありました。自己着火しているわけです。ディーゼリングやランオンなどと呼ばれていた現象です。意図しない現象ですから、かつては発生を抑えることが求められていました。

　これは2サイクルに限ったことでなく、4サイクルでも鋳鉄シリンダヘッドであった時代には、鋳鉄のためホットスポットができるとそこが着火点となって、キャブレターから燃料は来るのでスイッチを切ってもしばらく回り続ける現象が発生していました。それが2サイクルでは、条件によっては広い範囲で発生しているというわけです。

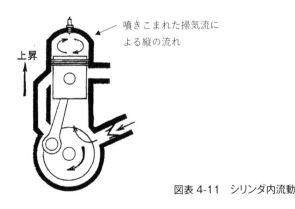

噴きこまれた掃気流による縦の流れ

上昇

図表 4-11　シリンダ内流動

この状態を計測してみると、自己着火の状態では滑らかに回転しており排気ガスも低減されることも分かっていました。しかし、意識的に広い運転範囲で自己着火を発生させて、制御するのは難しいだろうと考えられていたものです。積極的な研究は行われていませんでした。

　そこに、AR（Activated Radical）燃焼と呼ばれる自己着火を用いたエンジンが1997年にホンダから出ました。一番のポイントは排気ポートに設けたバルブによって前サイクルの高温の残留ガスをシリンダ内に留めて、圧縮開始時の圧力を制御することによって、自己着火のタイミングを制御

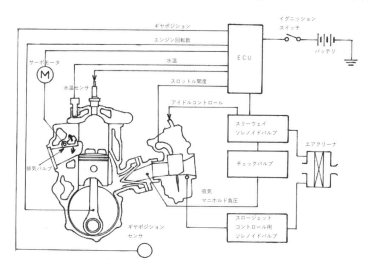

図表 4-12　ホンダ AR エンジン

図表 4-13　ホンダ CRM250AR（AR エンジン搭載車 /1997 年）

していることです。**図表4-3**のバルブと同じ考えのバルブが使用されています。

　不整燃焼が発生しやすい低負荷域で広い回転数までの滑らかな運転を可能にしましたが、正常に燃焼する領域までも自己着火することを狙ったものではありません。不整燃焼する領域が減り、毎回燃焼できる領域が広がったということです。とはいえ、4サイクルエンジンがHCCIによる圧縮着火を目指すよりもはるか以前に実現しています。

　それでも、アイドリングなどを含めて極低負荷での毎回燃焼が可能になったわけではないし、**図表4-5**に示した給気比が大きくなったとき、即ちスロットル開度が大きくなった際に増える吹き抜けが低減できたわけでもありません。

‖ 4. 2サイクルエンジンの可能性
〜再登板できる素養はあるのか〜

（1）直接燃料噴射

　2サイクルエンジンの燃焼が研究されたのはずいぶん前のことになります。燃料供給装置はキャブレターしかありませんでした。その時から技術が進化していますから、当時使えなかった技術が今日では使えます。それが直接燃料噴射です。適用されたのはマリン用エンジンです。既に自動車や二輪車では2サイクルが使われなくなり、その後、マリン用にも排気ガス規制が適用されるに伴い、自動車の噴射システムを用いて高出力モデルに適用したものです。自動車などと異なり、ほとんどスロットル全開の高負荷で使用されるのがマリン用の特徴で、そのため出力が重視されます。

1）加圧インジェクター方式

　自動車用エンジンで使われている吸気管噴射システムでは、燃焼室に直接噴射することはできません。直接噴射できる高圧のシステムを欲しいといっても、自動車で使われていなければシステムメーカーから入手できません。限られた市場のものには新たなシステムを開発してはくれません。

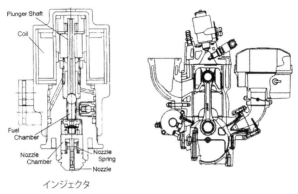

Plunger Shaft
Coil
Fuel
Chamber
Nozzle
Chamber
Nozzle
Spring
Nozzle

インジェクタ

図表4-14　加圧インジェクター方式

　そこで、低圧の吸気管燃料噴射装置を用いて、噴射する際に燃料圧を上げて噴射させるというアイデアが出てきます。**図表4-14**に示すように、電流がコイルに印加されると磁界がプランジャシャフトを下方に押し下げ、チャンバ室にある燃料を加圧します。ノズル室の圧力が上がりスプリング力を上回ると噴射を開始するというものです。圧力の遅れが懸念されますが、実際の噴射期間はごく短時間であるとされています。基本的には新規となるのはインジェクターだけです。

　FICHT社が開発したシステムで、燃料ポンプからのライン圧は吸気管噴射と同じ0.2MPa程度なので設計の自由度が高くできるのが特徴とされています。加圧されて噴射する燃料の圧力は報告されていません。

　点火系は燃焼室に突き出した専用の点火プラグを用いて、1サイクルで10数回の点火を行って確実な着火を可能としています。

　1999年からの排気ガス規制導入に向けてカワサキから市販されたもので、水面を滑走するPWC（パーソナルウォータークラフト）、いわゆる水上バイク用エンジンとして用いられました。ほとんどスロットル全開で運転されるもので、キャブレターモデル以上の出力を得ながら排気ガス規制に対応する目的で採用され、3気筒1,070ccで130PS（96kW）/7,000rpmを得ています。推進器であるウォータポンプのキャビテーションを抑えるた

め、最高回転数は抑えられています。規制には適合できていますが、排気ガスはアイドリング〜中負荷域での低減効果は大きいものの、高負荷では小さいという結果となっています。

　これ以外にもトーハツの２サイクル船外機に、自動車用の吸気管噴射システムの燃料系を用いて、燃料を圧縮空気とともに燃焼室に噴射するものが用いられたことがありました。考え方は**図表4-8**のIFP方式と同じですが、別の圧縮空気を用いるものです。

　空気噴射弁の裏側に燃料を噴射しておいて、タイミングを遅くして圧縮空気とともに直接噴射することで、燃料微粒化を図り吹き抜けをなくすというものです。新たに空気の電磁弁とその制御システム、そしてクランクで駆動する空気ポンプの追加が必要でした。

　空気によって微粒化がどの程度効果的かというと、空気圧の程度から大きくは期待できるものではありませんが、出力のためには均一混合気とすることが必要ですから、排気ポートが閉じる前には噴射する必要があります。空気噴射弁の先方に点火プラグがある構成です。排気ガス低減の具体的な発表はありません。

２）高圧噴射方式

　直接燃料噴射が4サイクルの自動車で一般的に使われるようになりましたから、これを２サイクルに適用すれば燃焼改善が可能になると考えられます。掃気孔からは空気だけを供給するので、排気ガスは改善できるはずです。船外機に直噴を適用した商品が1999年にヤマハから発売されました。HPDI（High Pressure Direct Injection）システムと呼ばれ、5MPaの噴射圧で掃気流に向かって噴射して、均一混合気での燃焼を目指したと説明されているものです（今日では20MPa級などが一般的ですが、当時はこの程度の圧力でした）。2004年にはトローリングなどの低速での使用はあるでしょうが、商品の狙いとしては主にボートの最高速150km/hを得る出力を狙ったものとして7MPa、300PS（220kW）を発揮する3,340ccのＶ型6気筒もヤマハから市販されています。

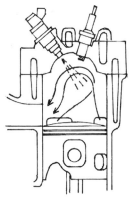

図表 4-16　ヤマハ Z200N
（HPDI 搭載船外機 /1999 年）

図表 4-15　HPDI システム

　出力を確保するには均一混合気として、吸入した空気をすべて燃焼に用いることです。ですから均一混合気を得るために掃気流に対向して噴射しています。

　高圧噴射システムを用いれば、2サイクルの排気ガス低減が可能になるでしょうか。低負荷では成層にすることが必要だと先に説明しました。低負荷でもスロットルを全開にして空気で掃気すると残留ガスは減らせます。ここに燃料を噴射すれば点火プラグ付近に燃料が来るようにできるはずです。考え方は**図表4-7**で示したものと同じです。残留ガスは少ないので燃焼は良くなるはずです。HPDI方式を用いて多量の空気で掃気すれば、排気ガスの問題は解決できそうに思えます。

　しかし、これでは燃焼に関与しない余分な空気を加熱するために排気ガス温度が低くなり、低負荷では触媒が活性できる排気温度にならないという問題が発生します。酸化触媒では最低でも250℃程度、通常300℃の温度が得られることが必須です。ですから単に燃焼できれば良いだけでありません。触媒を用いることが前提ですから、触媒活性のための排気温度も重要なのです。触媒活性を考えると必要以上の空気を少なくすることも燃焼の条件となります。

そのためには燃焼室内での成層化が不可欠です。新気と残留ガスとを分離する成層化です。高圧のインジェクターから微粒化した燃料を噴射する場合、インジェクターの位置や噴射時期を選定すれば、成層化も可能なように思われます。それには直接燃料噴射に加えて掃気流を制御することが必要であり、それによって成層化を実現できる可能性が出てきます。しかし、現在でも掃気流を積極的に制御する方法はなく、あなたまかせのシリンダ内流動でしかないうえ、前述のようにシミュレーションも難しいのが現状です。

　一方、高負荷では出力向上のために均一混合気として空気利用率を上げることが必要です。そのためには空気との混合を良くするため、直接燃料噴射であっても噴射時期を早くすることになります。4サイクルエンジンの直噴では噴射時期を自由に設定することができますが、2サイクルではいくら早めても掃気開始時期からとなります。しかし、その時期では吹き抜けが発生しやすくなります。理想的には直接燃料噴射で排気ポートが閉じたあとに噴射して均一混合とできることですが、高回転での運転ではとても無理です。

　4サイクルエンジンでは燃焼室内には必要な量の新気だけで、燃焼温度を低減するためにEGRを加えるだけなので、燃焼室内の混合気組成は制御できます。燃焼室内の流動も制御できます。しかし、2サイクルでは残留ガスから逃れることができず、掃気の流動も制御できません。これが決定的な2サイクルの問題です。

　かつて、成層化の概念が持ち込まれたのは、**図表4-17**に示すYOCPと呼ぶコンセプトで発表されたものです。1967年頃から大西繁氏が研究した2サイクルエンジンの改良の初期のものです。大西エンジンとも呼ばれ、空気で掃気して掃気流に向けて燃料噴射するものです。燃焼室はくさび型として新気と燃料の混合を確実なものにして、成層化を可能にするコンセプトでした。当時は直接燃料噴射は理解されにくく（ガソリンを直接噴射できる一般的なシステムがなかった）タンブルの概念がまだない時代

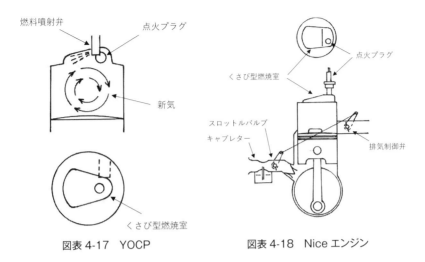

図表 4-17　YOCP

図表 4-18　Nice エンジン

に、掃気流の縦流れに着目して成層化を図るという考え方は優れたもので
あったと思います。

　YOCPの考え方からキャブレターを用いたものが、Niceエンジンの呼
称で発表された**図表4-18**に示すものです。YOCPの考えを基に、低負荷
での燃焼室内の流動を抑えるために排気制御バルブを用いています。希薄
混合気運転を可能にして、吹き抜けを抑えて燃焼を安定させるのに一定の
効果はあると考えます。負荷が大きくなると排気制御バルブは開くので吹
き抜け低減に効果はなく、混合気での掃気では排気ガス低減には限界があ
るものと考えられます。携帯型発電機のエンジンに用いられたとあります。

　掃気流の方向を時期によって変えることで、吹き抜けを低減するという
考えのものが、多重層状掃気機関（MULS）として紹介されたものです。**図
表4-19**に示したように、掃気の初期には水平方向に遠くに向けて、その
後は通常の掃気流れの方向にというものです。燃費が改善されたという結
果は報告されています。

　かつてトヨタが研究用として1989年に試作した２サイクルエンジンで、
S-2エンジンがあります。エンジンの構成としては４サイクルエンジンそ

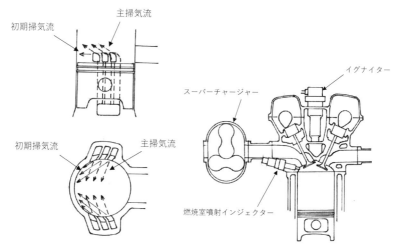

図表 4-19　多重層状掃気（MULS）　　　図表 4-20　トヨタ S-2 エンジン

のままです。吸・排気バルブを設けることによって開閉タイミングを下死点対称でなくして、クランク圧縮に替えて過給機によって吸気を押し込むものです。

　下死点前60度で排気バルブを開いて排気を始めます。下死点で吸気バルブを開いて過給された空気によって掃気を始めます。下死点後60度で吸・排気バルブを閉じて燃料噴射します。そしてピストンが上昇して点火、燃焼させることで1回転ごとの燃焼が可能となります。カムシャフトはクランクと同じ速度で回転します。バルブの制約からか最高回転数は4,000rpmとされています。出力は発表されていません。

　自動車用と考えると低負荷での運転となりますが、これも成層化を図っているものではありません。空気過剰状態での燃焼となるため、三元触媒が使えないという問題は解決できていません。

　ついでながら、今日では船外機においても4サイクルが主流ですが、軽量で出力が出せることから、かつてV型6気筒や8気筒といった大型船外機は2サイクルエンジンの独壇場でした。大型ではあっても構造は小型と

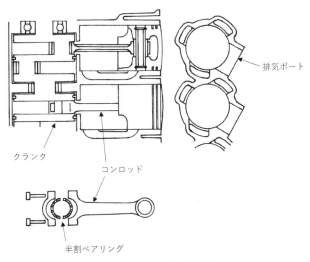

クランク

コンロッド

排気ポート

半割ベアリング

図表 4-21　半割転がり軸受

変わりません。燃料供給はキャブレターを用いており、クランク室に吸入する混合気の燃料に混合したオイルで潤滑します。そのため、クランクピンやジャーナルの軸受は転がり軸受が必要です。ところが、大型になるとクランクは一体構造のものになります。そのため、クランクピンには半割にしたニードルベアリングが、ジャーナルには半割にしたローラーベアリングが使われます。

　ベアリングを半割にすると、高回転ではニードルやローラーベアリングが遠心力で貼りついてしまって、回転できなくなるのではないかと懸念されます。しかし、回転に伴って荷重方向が変化するためにニードルは回転可能となるためか、根本的な問題は発生していません。

　クランクピンの軸受は、コンロッドとキャップとでアウターレースが構成されますが、接合面を機械加工すると接合面が一直線となります。コンロッドとキャップを組み合わせた際のわずかなずれによる段差でも、径の細いニードルは引っ掛かりを起こして円滑に回転できなくなります。そうするとベアリングに損傷を起こします。

そのため、コンロッドとキャップを別々に製造するのでなく一体に加工しておいて、衝撃によって破断させるやり方が用いられていました。こうすることによって、再び組付けた時に破断による真っすぐでない接合面によってずれのない接合が得られることになります。組付けた時の正確な真円度と軸心度とを得ることができ、ニードルは円滑に回転できるようになります。このようなベアリングの性能を保証する製造法が採られていました。

　大型船外機独特の技術でしたが、後に高回転の４サイクルエンジンで、コンロッドとキャップの組付けにナットを用いずに、ボルトだけで締め付けることによって軽量化を図るナットレスが実用化されるようになりましたが、この真円度と軸心度を確保する船外機の技術と同じやり方です。船外機ではるか以前に実用化されていた技術です。

（２）２サイクルディーゼル

　歴史的には初期に、動力用の小型２サイクルディーゼルとして、空冷のユニフロー式が用いられていたことがありました。毎回転燃焼するため４サイクルより出力が高くなるからという理由からでした。

　自動車用としての２サイクルディーゼルは、日産ディーゼルがユニフロー式ディーゼルを「UD」の商標とともに用いていました。４サイクルディーゼルでターボが使われるようになって出力面でメリットがなくなり、毎回転作動する排気バルブによる回転数の制約から出力向上も難しいと、使われなくなって久しいものです。

　ユニフロー式は**図表4-22**に示すような構造で、下死点付近でシリンダ周囲から空気を送り込んで掃気するものです。

　ディーゼルエンジンは常に行程容積分の空気を吸入するものでした。排気ガス対策のためとはいえ、ディーゼルエンジンにEGRを用いるのは抵抗があったようでした。吸入空気量が少なくなるので出力が得られないとか、燃焼が悪化するからという理由です。今日ではEGRは当たり前となっています。ということは、シリンダ内部のガス組成は２サイクルエンジン

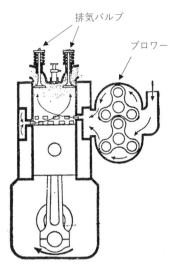

図表4-22　ユニフロー式2サイクルディーゼルエンジン

と同様とはいわないまでも、似た状態であると考えられるわけです。そう
すると、ユニフローでなくクランク室圧縮する2サイクルでもディーゼル
が成立できることになります。逆に、2サイクルには掃気があるので4サ
イクルに必要なEGR制御は必要ないし、高温の残留ガスがあるわけです
から、高EGR条件でも燃焼は良くなるはずです。2サイクルガソリンエ
ンジンで証明されていることです。空気の吹き抜けは排気ガス問題と関係
ないので、ガソリンエンジンの厄介な問題から解放されそうです。

　アイドリンクなど低負荷でも毎サイクル燃焼できますから、4サイクル
よりも滑らかな運転になります。2気筒で4気筒相当です。毎回転燃焼す
るので最大出力は4サイクルよりも上がります。このように、排気ガスと出
力を両立できる可能性のある、2サイクルとディーゼルの組み合わせは優
れたものであると考えられます。**図表4-23**に示します。(特開平8−326539他)

　4サイクルディーゼルよりも小型・軽量でシンプルな構造であるため、
小型ディーゼルとして経済性でガソリンエンジンに置き換えられる新たな
分野もあると考えられます。

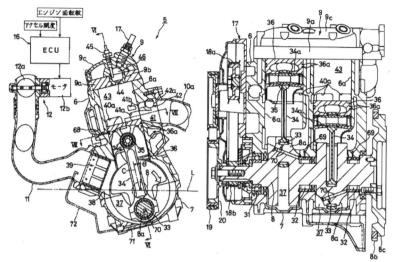

図表 4-23　ヤマハ 2 サイクルディーゼルエンジン

　しかし、燃焼はディーゼルですから騒音はガソリンエンジンほど静かにはならず、ガソリンエンジンの燃費も向上しているうえ、噴射装置はガソリンよりも高額なのでコストが上がるのは必然です。4 サイクルに比べて圧倒的にシリンダヘッドの小型・シンプル化ができるのでエンジン本体のコストは下がりますが、噴射装置のコストはガソリンエンジンを上回ります。ガソリンと競合するには小型と燃費が優位というだけでは難しくなります。

　4 サイクルディーゼルの経験しかないと、新たに 2 サイクルに取り組むには設備からもハードルが高くなります。例えば、クランクピンの軸受をニードルベアリングにする必要がありますが、それにはクランクピンを焼入れして硬度を上げる必要があります。コンロッドも浸炭焼入れしたものになることはもちろんです。しかし、4 サイクルでは平軸受なのでその必要はありませんでした。

　何よりも、2 サイクルディーゼルが 4 サイクルでは到底得られないような効果が得られるかどうかです。優れた技術でも実用化されるには、その

時のタイミングがあります。小型・軽量だけでは、開発費や新たな設備の投資に見合ったものとなるかというと、二の足を踏むことになるわけです。そのようなことから、排気ガスレベルも含めてディーゼルエンジンとしては優れたものでしたが、実用化するには難しかったものです。

第Ⅴ章
設計が難しい空冷エンジン

‖ 1. 空冷エンジンの冷却
～冷却フィン面積を拡大しても冷却できない～

　馬力を上げると発熱量が増えるのでエンジン温度も上がります。シリンダもシリンダヘッドも冷却を強化することが必要となります。当然です。シリンダヘッドとシリンダとの受熱量はシリンダヘッド７、シリンダ３の割合といわれています。特に冷却すべきはシリンダヘッドです。シリンダヘッドの温度は排気ガス濃度には影響は少なく、出力には影響が大きいことが分かっています。シリンダヘッドは積極的な冷却が有効です。

　二輪車のような走行風によって冷却しているエンジンは、冷却条件が厳しいので設計が難しくなります。走行風といっても、前にはフロントホイールがありますから、風が当たらないように邪魔しているようなもので、実際にエンジンに当たる風は少ないのです。走行風による自然空冷は二輪車エンジンだけのように思います。

　風を当てて冷却するのですから、空冷エンジンは放熱面積を増やすために冷却フィンを設けているのだと思われているところがあります。これは必ずしも正しくありません。温度の低いところにフィンを設けても、それだけで十分には冷却できません。「ビュンビュン」風が当たるわけではないのです。

　空冷Ⅴ型２気筒エンジンを搭載した二輪車があります。横から見てⅤ型

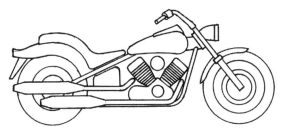

図表 5-1　空冷 V 型エンジン搭載二輪車

のシリンダレイアウトです。前方の気筒は排気が前方ですが、後方の気筒は排気が後方となっています。そもそも、後方の気筒は冷却風が当たりにくいのですが、排気が後方ではさらに冷却条件は悪くなります。高温となる排気側が冷却されにくくなるのです。冷却されにくいからといって出力を落とすわけにはいきません。

　空冷エンジンはどのような考え方で設計するかというと、特に高温となる排気ポートまわりや燃焼室まわりの厚さを大きくして、周囲に温度を伝えて局部的な温度上昇を防いだうえで、フィンに伝熱するようにするのです。熱を広く分散させてシリンダヘッド全体として冷却するという考えです。高温となる排気側の熱を吸気側に伝えることも必要です。燃焼室の温度をカム室にも伝熱することです。

　熱による問題とは、燃焼室の部分的な温度差が大きくなることによって歪（ひずみ）が発生することです。温度差によってバルブシートが変形するとバルブとの間に隙間ができて、密着できずにシールできなくなる問題が発生します。空冷エンジンは温度が上がるために温度差が発生しやすくなるわけです。全体として一様に温度が上がるのであれば歪の問題は発生しません。

　ですから、空冷エンジンは「ボテッ」とした設計をすることになります。小型の空冷エンジンのシリンダヘッドまわりを示した**図表5-2**のように、燃焼室と吸・排気ポートまわりを特に厚くしています。フィンも根元を厚くしています。フィンに熱を伝えてフィンの温度を上げて、空気との温度

燃焼室、吸・排気ポートまわ
りを肉厚にした空冷エンジン
のシリンダヘッド

図表 5-2　空冷エンジンのシリンダヘッド周り

差を大きくすることで効率的な冷却が可能となります。少ない冷却風でも
冷却を可能とするために必要な設計の考え方です。フィンを薄くしたので
は先端まで熱が伝わりません。フィンが冷たいのでは意味がないのです。
冷却を良くしようと単にフィン面積を増やすだけでは効果はありません。
　空冷で4バルブとなると、さらに難しくなります。4バルブにするのは
出力を上げることが目的ですから発熱量が上がります。バルブとプラグと
の間隔、バルブとバルブとの間隔が短いので、特に熱による変形を考慮す
ることが必要ですが、高温で二股の排気ポートは表面積が大きいので、こ
こからシリンダヘッドの受熱が大きくなるわけで、さらに冷却を難しくす
ることになります。
　水冷エンジンは燃焼室まわりの厚さをできるだけ薄くして、効率よく水
に伝熱する設計をします。高温となる箇所には冷却水の流れを強化するこ
とで冷却できます。空冷エンジンでは肉厚を厚くして熱容量を大きくした
うえで風に当てるようにするわけです。前方から風が当たっても、後方は
風の当たらないところがあります。空冷の考え方としては熱いところに風
を当てて冷却するのではありません。水冷と空冷では冷却のための設計の
考え方が全く異なるのです。

空冷の難しさは、温度が上がることによって温度差が大きくなるため、歪などの問題が発生しやすくなることです。安定して出力を出すために冷却はとても大事なことなのです。冷却の問題をどのように解決するかは設計のウデでもあります。

　空冷エンジンはフィンが付いているだけなので簡単だと思うかも知れませんが、説明したように単にフィンを設ければ冷却できるというわけではありません。出力を上げた空冷エンジンの設計は冷却のメカニズムを十分に考量することが不可欠なのです。

2．バルブクリアランスの維持
〜膨張の違いの補償〜

　一般的なバルブリフトとカム角度または時間との関係を**図表5-3**に示します。リフトが次第に大きくなっていく状態では、カム角度に対して漸増する状態から途中で漸減するようになる変曲点を境に、速度と加速度が＋から−に変化します。リフトが次第に小さくなっていくときには上記と逆になります。

　呼称されているバルブリフトとバルブ作動角またはバルブ作用角とは図に示したものですが、実際にはバルブリフトにはランプ高さがあり、作動

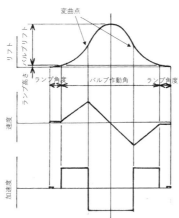

図表 5-3　バルブリフト特性

角の前後にはランプ角度が加わっています。

　ランプ部は速度一定としてあります。速度一定とすると加速度はゼロなので、この部分にバルブクリアランスを設定するようにしています。バルブ開き始め及び閉じ終わり時に加速度ゼロで開弁及び着座できるようにして、衝撃のない静かなバルブ作動を実現するためです。

　温度が変化したとき、バルブクリアランスが減少してゼロになったのではバルブを閉じることができません。逆にバルブクリアランスが過大になってランプ高さより大きくなってしまうと、開くときには衝撃を伴っていきなりカムとバルブがぶつかり、閉じる際にはバルブがバルブシートに衝撃的に着座してしまうことになります。騒音だけでなくバルブシートの摩耗やバルブの破損につながります。

　バルブクリアランスの設定は常温で行います。この設定したクリアランスは、寒冷時や高温時はもちろん、始動時やアイドリング時から最高出力での運転時など、あらゆる条件でランプ高さよりも大きく変化しないことが必要になります。

　バルブは温度が上がると伸びるのでクリアランスが小さくなります。シリンダヘッドは温度が上がると伸びるのでクリアランスが大きくなります。バルブは耐熱鋼でシリンダヘッドはアルミ鋳物です。膨張係数は約2倍の差がありますから、常温20℃で設定したクリアランスは、シリンダヘッドが100℃になった時には、バルブは180℃であれば同じクリアランスを保ちます。シリンダヘッドが150℃ならバルブは280℃で同じクリアランスを保ちます。

　バルブの熱はバルブガイド及びバルブシートを通してシリンダヘッドに逃がしていますが、シリンダヘッドとの温度差でクリアランスの変化が許容範囲を超える場合も出てきます。そのためには、膨張係数の異なるバルブ材料をつなぎ合わせる場合もあります。温度変化が大きいために考慮する必要のある空冷エンジンの難しさです。

　このように、空冷エンジンは水冷に比べてシリンダヘッドの温度変化が

大きいうえ、吸気バルブと排気バルブでは温度も違いますから、わずかな
クリアランスで可能とするのは、実際には難しい問題ではあるのです。

3．空冷エンジンのシリンダ配置
〜熱でどのように変形する？〜

　多気筒になるとカム駆動のチェーン通路をどこに配置するかも、空冷エ
ンジンではよく考えることが必要です。冷却に関わる基本となるレイアウ
トです。水冷ではチェーン通路を端にして、シリンダが連なる配置とする
コンパクトな設計が可能です。しかし、これでは空冷の場合、シリンダの
変形が同じにならず、シールしにくくなるという問題が発生します。

　自動車など水冷エンジンのシリンダは、**図表5-4**のように隣り合う部分
の冷却水通路を廃止したサイアミーズ型と呼ばれる、コンパクトな設計と
なっています。常温で円く加工されているシリンダですが、温度が上がっ
たら膨張してどのような形状になるでしょうか。4気筒で考えると、中の
2気筒と外側の2気筒とでは変形が違ってきます。中の2気筒は隣同士で
は逃げ場がないので、図の上下にしか変形できないため楕円形状となりま
す。外の2気筒は横にも逃げられますから円に近い形状を保ちます。

　変形した形状に追従してピストンリングがシールすることが必要です
が、気筒間で変形状況が異なるとピストン形状も両方に合わせた形状にす
るため、場所によっては過大な隙間を持つことになります。それによって

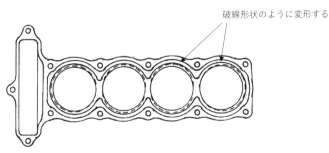

破線形状のように変形する

図表 5-4　シリンダの熱変形

ピストン振れも大きくなってきます。ピストンリングのシールが悪化する場合も出てきます。しかし、水冷では温度が上がりにくいので変形量が小さいため、問題なく実用できているわけです。

　このため、空冷の二輪車では**図表5-5**のようにチェーン通路を真ん中に配置するとともに、隣り合うシリンダ間には冷却通路を確保する設計が一般的に採られていました。小型にするには**図表5-4**のようなチェーン通路を端にすることが有利なのは当然ですが、空冷であることを考慮すると、対称なシリンダ配置とすることが、後々の熱問題をなくしてくれます。そのためシリンダピッチが延び、長さが長くなってしまうことになります。二輪車はエンジンがデザイン要素でもあるため、チェーン通路を真ん中にするとデザイン的にも左右バランスが良いということもあります。さらに、高温となるシリンダヘッドの熱をシリンダにも伝えてエンジン全体で冷却するという考えで、シリンダとの接合面を敢えて広くした設計としています。

　水冷では熱変形はあまり問題にならないのですが、空冷では高温になるために、熱変形を考慮した設計が必要になるという例です。温度が上がれば潤滑オイルの粘度も低下しますから、油膜は薄くなります。油膜を切らせないためには、局部的な面圧増加を避けるために変形を抑えることが重要です。それだけでなく、特に高出力となると温度の上昇によってオイル

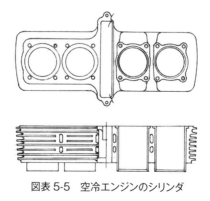

図表 5-5　空冷エンジンのシリンダ

が蒸発してしまうこともあります。温度が上昇する高出力の空冷エンジン
は、十分に変形を考慮した設計が必要となります。

　また、**図表5-5**から分かるように、鋳鉄のシリンダスリーブ（シリンダ
ライナー）をアルミのシリンダボディに圧入した構成です。鋳造でスリー
ブを一体に鋳込んだ方がコストは安くなりますが、ダイカストで圧力を加
えて鋳造されたものが、運転時に温度が上がることでスリーブとボディと
の間で隙間ができたりすると、部分的に温度が上がり鋳造時の圧力も解放
されることで熱変形が大きくなります。このため、敢えて厚さを持ったス
リーブを圧入する設計としていたわけです。

　後に、自動車用エンジンでアルミのシリンダブロックが採用されるよう
になり、スリーブを鋳込んだものが用いられるようになりました。そして、
小型化のため**図表5-4**のようにつながったシリンダ間をもっと短縮するこ
とが求められると、スリーブの厚さを薄くすることが必要になります。鋳
造機にスリーブを装着してダイカストで湯を流し込んでも、鋳鉄とアルミ
との表面が合金化するわけではないので、全面を完全に密着させることは
難しいのです。水冷ではあっても、密着が制御できない"あなたまかせ"
では、スリーブを薄くすることは難しくなります。

　せめて、完全密着しなくてもスリーブとボディに隙間ができなければ、
問題の程度は大きくならないと思われます。そこでスパイニースリーブが

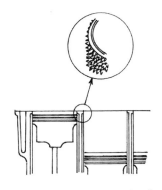

図表 5-6　スパイニースリーブ

用いられました。表面が針状にとげとげしているものです。突起がアルミに食い込んで、スリーブと離れにくくすることで、変形を抑えます。これで薄肉スリーブが可能となりました。

スパイニースリーブは遠心鋳造で造られます。湯を注入して回転させる方法で、昔から水道管などの薄肉の鉄管が造られてきました。スリーブも薄肉鉄管です。スリーブでは一個ずつ注湯するより、長いパイプを作って必要長さに切断する方がよほど効率的です。回転させるので均一な厚さとでき、表面の針形状も自由にできます。

実は、コストが求められる汎用エンジンでは以前から使われていたものですが、後になって自動車用に密着の機能でも効果が認められたものです。ただし、スパイニースリーブを用いても、高出力の空冷では**図表5-4**のサイアミーズ形状を採るのは難しいです。

問題は水冷であっても同じことですが、温度が空冷より低いので問題にならないだけです。空冷では水冷には必要ない、温度に関する多くの測定や確認をする必要があり、そのためどうしても開発期間も長くなります。水冷になると温度が上がることによる問題から解放されます。

ついでに熱の問題をもう一つ紹介します。

二輪車などのシリンダは通常はアルミダイカスト製です。しかし、空冷エンジンでターボを装着して出力を上げるとさらに高温になり、強度が低下してへたりを生じてしまう場合があります。永久変形です。こうなるとシリンダの機能を果たせません。ガスケットでシールできなくなり、シリンダとして使えなくなります。ダイカストは内部に気泡を含んでいるため、高温では強度が不足してくるのです。高温での使用では、低圧鋳造など製法から変える必要も生じてきます。モノとして同じように見えても別部品を用いることになるわけです。空冷650ccでターボを用いて900cc並みの出力を得たヤマハXJ650ターボを**図表5-7**に示します。

空冷エンジンは構造が簡単だから、安い低級なエンジンであるかのような印象を持っている方もいらっしゃると思いますが、決してそのようなこ

図表 5-7　ヤマハ XJ650 ターボ（1982 年）

とではなく、動力源としては安定して出力が得られれば、冷却方式はどうでも良いわけです。冷却は安定した出力のための手段です。自動車ではヒーターのために水冷が必要という事情がありますが、そうでなければエンジンは冷却できれば良いわけで、冷却方式に価値があるわけではありません。冷却液の交換などの支出が不要な空冷が、ランニングコストで有利なのは当然です。高出力エンジンとなると設計的にも開発していくうえでも、空冷エンジンのほうがよほど難しいです。

4．シリンダヘッド締め付け部の設計
〜ボルト締め付けの設計が設計の基本〜

　シリンダヘッドのボルト締め付け部に荷重も加わらなく温度変化もない、単なる固定をするだけであれば設計は簡単です。しかし、締め付けボルトには燃焼圧力が加わり、温度も大きく変化します。ボルトは鉄系でシリンダヘッドはアルミ合金ですから、熱膨張係数の違いによる伸縮量の差で生じる熱応力を考慮する必要があります。特に空冷エンジンでは温度が上がるので、設計が難しくなります。

　図表5-8に示すグラフは、横軸にボルト及び締め付けボス部の伸縮量、縦軸にボルトの締め付け力をとり、温度 T_0 におけるボルト締め付けによる締め付けボス部の圧縮線図を a_0、ボルトの伸び線図を b_0 で表しています。

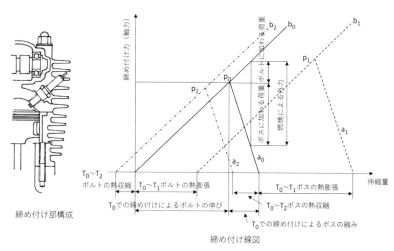

締め付け部構成

締め付け線図

図表 5-8　ボルトの締め付け線図

　規定トルクで締めた時の締め付け力はp_0です。ボルトとボス部のバネ定数の違いで傾きが違います。ここにエンジンの爆発力が加わり、1本のボルトが負担する荷重が外力として締め付け部に作用します。これがボルトとボス部で分担されるわけです。

　運転して温度が上がってT_1になると、a_0がa_1に、b_0がb_1に移動します。各線の移動量は熱膨張係数によります。ボルトよりもアルミのボスが伸びるのでボルトの伸びは増え、ボス部はさらに圧縮され締め付け力はp_1に移動し大きくなります。エンジンの爆発力が加わってもボルトやボス部は弾性限界にあることが必要です。

　逆に低温となるとT_2となり、a_2、b_2に移動するので締め付け力はp_2に低下します。このとき締め付け力が低下してもガスケットがシールを維持できる締め付け力が必要です。

　図から分かるように、ボルトは伸びやすくボス部は堅い設計にすることがポイントです。ボルトはバネ定数を小さく、ボス部は大径にしてバネ定数が大きくなるような設計をすることです。ボルトは強度の高い特殊な材料も用います。温度が上がる空冷エンジンならではの難しさです。

使用者にとって、ボルトはちゃんと締め付けられて確実にシールでき、緩まないのは当たり前です。それを保証するための、荷重が加わり温度が変化するボルト締め付け部の設計は、見よう見まねではできません。

　シリンダヘッド以外にも、アルミで温度が上がる箇所のボルト締め付け設計には、ボスの高さをどう設定するかなど、理論と経験が必要です。

‖ 5．空冷エンジンのクランク軸受
‖ 　～密着させて冷やすこと～

　シリンダヘッドやシリンダは高温になります。オイルは潤滑だけでなく冷却も担っていますから、エンジンオイルの温度も水冷以上に高温となります。最高出力で長時間走り続けるという場面はレースでもありませんが、そのような過酷な運転を続けるとオイルが高温となって一部蒸発します。そのため、高出力になるとオイルクーラーが必要となります。

　エンジンにおいて、しっかりオイルを送って潤滑する必要があるのはクランク軸受とクランクピン軸受です。クランクは回転とともに荷重が変動するので軸受条件としては悪くありません。しかし、空冷ではクランクケースの温度も上がるので、熱膨張によって軸受の隙間が大きくなります。オイル粘度も下がるので隙間からオイルが逃げやすくなり、油圧が低下します。いずれも軸受性能を低下させます。

　滑り軸受は流体潤滑によって油膜が保持されていることが前提で、直接にクランクとは接触しないことが基本です。最小油膜厚さの限界値が軸受材質で決まります。油膜が切れることがないように、油膜を冷却するために、軸受に必要な油量を送り込むための油圧が必要になるわけです。

　給油のための一般的な設計は、クランクジャーナル外周から中心までオイルを押し込んでクランクピンに導くようになっています。そのため、油圧が低下するとクランクピン軸受の油量が減少して潤滑が不十分となりやすいため、高油温においても油圧を確保するためにオイルポンプ容量を大きく設定しておく必要があります。当然、通常運転では摩擦損失になりま

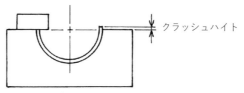

図表 5-9　軸受のクラッシュハイト

す。自動車用エンジンではオイルポンプ駆動ロスを低減するために、低負荷時には油圧を下げる可変容量ポンプなども採用されてきています。

　摩擦を低減するために軸受直径を1mmでも小さく、軸受幅を1mmでも短くすることが行われてきました。軸受面積を減らすためには、軸受の許容pv値を上げることが必要です。pv値とは面圧pと周速vの積です。摩擦による熱量と考えると分かりやすいです。耐熱性と耐荷重性が求められることから、材料としてケルメットが用いられるようになっていますが、それだけでなく軸受表面が平面でなくマイクログルーブと呼ばれる微細な溝を設けるものが一般的となっています。軸受材料はほんの薄い厚さであって、鋼板との2層構造になっているものです。

　軸受はハウジングに密着している必要があります。そのため、**図表5-9**のように半割の軸受長さが、クラッシュハイトと呼ばれる分だけ半円より少し飛び出させた長さになっています。軸受を上下組み合わせた時、クラッシュハイトの分だけ圧縮することによってハウジングに密着させて、荷重によって軸受がずれて回ってしまうことがないようにするためです。

　温度が上がってアルミのハウジング内径が大きくなっても、しっかり密着していることが必要です。締め付けによって軸受はクラッシュハイト分だけ弾性変形するわけです。空冷エンジンのクラッシュハイトはその分大きくなっています。もちろん、低温になってハウジング内径が小さくなった時にも永久変形してはいけません。

　二輪車など小型の空冷エンジンでは、軸受の径は大きくなくても高回転で温度が上がるために、密着を維持するため加工の精度が必要になってくるわけです。

第VI章
産業用小型エンジン

1. 新機能でシェアを逆転した汎用エンジン
～新たな価値で潜在ニーズに気づかせた～

　汎用エンジンをご存知でしょうか。動力源として使われるエンジンで、日本では昔から主に耕運機やエンジンポンプなど農林漁業や土木作業を始めとする仕事用に使われているものです。国内での生産台数は年間約200万台程度です。世界の総需要は年間約2800万台程度で、最大の市場である北米では1200万台となっています。そのうち70%が庭の芝刈りに用いられる歩行型芝刈り機に用いられているものです。

　システムの中の動力源として昔から使われているものですから最高回転数も4,000rpmと決まっています。そのため、馬力は排気量で決まってきます。動力源として、ユーザーは同じ馬力なら低価格が良いわけですから、価格だけが重視されてきました。そのため、価格を下げるには部品数が少なく構造が簡単な点からSV（サイドバルブ）エンジンがずっと用いられてきました。そこには技術的な進化はほとんどなく、工場の自動化によるコストダウンと、全米にサービス網をめぐらせていつでも部品が入手できるようにした米国企業がシェアを圧倒していました。

　他メーカーから出るものも似た商品ばかりで、技術的には新しいものは見られません。小型化のためにボアを大きくストロークを短くした設計で、小型になれば軽量にできるので材料費も安くできます。シリンダなど

各部の厚さは最低限です。低価格のためにコンロッドはアルミです。直接クランクピン、ピストンピンと摺動しています。部品としての軸受を不要とするためです。

　同じような商品を日本メーカーも作りましたが価格では競争できず、鳴かず飛ばずの状態でした。狙いどころが同じなら、同じような商品にしかならないからです。

　そこにOHV（オーバーヘッドバルブ）を用いた汎用エンジンを持ち込んだメーカーが出現しました。SVの価格とは戦う土俵を変えたわけです。ヘッドまわりが大きくなる欠点を補うためシリンダを傾斜させることによって、**図表6-1**に示したように高さHと幅Wを同等の大きさにして、従来のSVエンジンとの載せ替えを可能としました。いろいろな完成機器に搭載するためにはHやWなど同等にしないと載せられないので使えません。いろいろなメーカーの完成機器に載せてもらうことで数が得られるからです。生産台数が増加することによって自動化が進み、価格競争が有利になります。

　OHVとすることで圧縮比を上げられるので、SVと同じ馬力を出すのに排気量を下げられます。軽量化でき燃費も良くなり振動も少なくなります。その結果、価格はいくらか上がりましたがSVにない良さが認められてやがて世界中の汎用エンジンがOHVとなっていきました。価格第一と

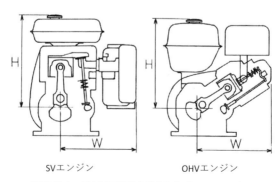

SVエンジン　　　　　　OHVエンジン

図表6-1　SVと互換性を果たしたOHVエンジン

いう認識だけだったものから、機能が認められるようになったわけです。潜在ニーズに気づかせてくれたわけです。

　SVと価格競争しなくてよい差別化が実現でき、世界の市場に認められるようになったわけです。それまで完成機器メーカーに「エンジン買ってください」とお願いする状態から「エンジン売ってください」と頼まれる状態になったわけです。そして、最初にOHVエンジンを提供した日本のメーカーはシェアを逆転し、汎用エンジンでのトップシェアを握っています。

　動力源として用いるには4,000rpmですが、発電機として用いるには3,600rpmで使用します。ガバナで一定回転にしているわけです。汎用エンジンですから、従来のエンジンと回転数を変更することはできません。OHVのシリンダヘッドもダイカストです。各部の厚さは空冷の設計とは思えない薄さです。

　ところで、この回転数をどのように感じるでしょうか。最高回転4,000rpmではたいしたことないと思うかも知れませんが、連続運転で長時間使用されるのです。しかも自動車のような車検などはありません。オイル交換などの確実なメンテナンスなどは、途上国での使用では必ずしも期待できません。そのような環境で自動車のエンジンを4,000rpmで連続運転することを想像すると、汎用エンジンは結構大変なのだと気づかされます。自動車のエンジンは、高速走行でもそんなに回転を上げて使っていません。ですから、汎用エンジンの4,000rpmの連続運転には余裕を見た設計が必要になるわけです。

　このように耐久性が求められるのですが、それも次第にガタガタしてきて、そろそろ寿命かなと気づくようにならないといけません。仕事用や生活のための必需品ですから、突然動かなくなったのでは困るのです。

　ついでにもう一つ加えると、自動車では定期的にエンジンオイルを交換することが求められています。走行距離によるメンテナンスが行われているわけですが、オイルは酸化するので期間によっても交換が必要です。しかし、汎用エンジンはオイル交換時期を表示するものはありません。ア

ワーメーターなど付いていないので、気づかないままオイルが無くなって
しまって、焼き付きを起こす場合があります。また、しょっちゅう使うわ
けではないので運転時間は短いといいながら、結果的に長期に使っている
という場合もあります。いずれもオイル劣化の問題になります。

　そのため、汎用エンジンは敢えてオイル消費が多くなるような設計と
なっています。最低でも、時々は燃料給油の時にオイル量のチェックはし
てくれるはずです。それが前提です。その時に、レベルゲージで見てオイ
ル量が減っているとオイルを補充してくれるはずです。そうすると、新鮮
なオイルで潤滑が良くなります。逆に、あまりオイルが減っていないと思
うと、やがてオイルを点検することを忘れてしまう恐れがあります。です
から、エンジンの安全のため敢えてオイル消費を適当に多くしているわけ
です。もちろん、燃焼室がカーボンだらけになるというほどではありませ
ん。

　汎用エンジンは動力源としての目的だけなので、完成機器に使われて機
能を果たします。エンジンを購入する完成機器メーカーからは価格を下げ
ろという要求はありますが、振動を減らして欲しいとか、排気音を下げて
欲しいとか、まして加速を良くして欲しいなどという、使う楽しさなどの
機能に関する要求はありません。振動や騒音がなければ完成機器として
の品質は上がるはずで、ユーザーの仕事の能率向上につながるかも知れま
せんが、それが完成機器の商品力につながるという認識は乏しいといえま
す。そのため一度採用されるとそれがずっと使われて、エンジンは何十年
もそのままの仕様で売り続けられることになります。そのため、エンジン
メーカーを変更してもらうには完成機器の商品力強化につながる新たな
ニーズが必要です。SVからOHVになったように、エンジンメーカーから
の提案によってそれが実現されたわけですから、今後もニーズを作り出す
働きかけが必要です。

　一例として、**図表6-2**に示す吸気ポートの一部を塞いでスワールを与え
るものがあります。汎用エンジン特有のボアを大きくストロークを短くし

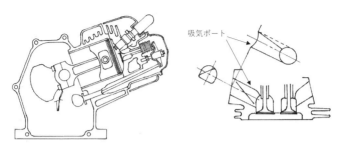

図表6-2　吸気スワールを与えた汎用エンジン

た設計ではスワールが効きます。汎用エンジンであってもいつでも高負荷で運転されるわけではなく、低負荷での運転も多いわけで、その時にリーンにして安定した燃焼を可能とすることで燃費を良くするという考えのものです。

2．芝刈り機用バーチカルエンジン
　　　〜競争力はコスト！〜

　歩行型芝刈り機の多くは**図表6-3**に示すようなロータリー式で、ゴルフ場でグリーンの芝を刈る芝刈り機とはタイプが異なります。用いられるのは**図表6-4**に示すバーチカルエンジンと呼ばれているものです。クランク軸が縦に回転するとロータリーカッターを回転させるのに都合が良いからです。基本的な構成は汎用エンジンと同じですが、クランクウエブの下方にオイルを溜める構造であるため、アルミのクランクケースをそのままクランク軸受としています。長い軸受はカッターの衝撃荷重を受け止めるのに都合が良いこともあります。SVの時から採られている構成です。

　ホリゾンタルエンジンでOHVにして成功したので、それではと、バーチカルエンジンにもOHVが適用されました。芝刈り機用として用いられるものは最も台数が多いので、バーチカルエンジンは米国などで重要な市場です。先行してOHVを適用するに際して、**図表6-5**に示す構成が採られました。OHVにしてシリンダヘッドの左右に吸・排気孔を開口し、そ

エンジン

カッティングデッキ

図表 6-3 歩行型芝刈り機

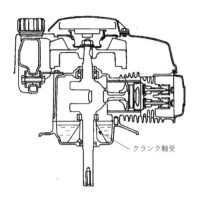

クランク軸受

図表 6-4 バーチカルエンジン

れぞれにキャブレターとマフラーを取付けたというものが特許申請公開されました。(特開昭59-70838)

　最も簡単で低コストで実現できるもので、容易に考え得るアイデアです。特許のレベルからすると、このレベルで特許されるとは考えられません。そもそもOHVに進歩性があるわけでなく、バーチカルエンジンに適用するに際しての特別な問題があるわけでもありません。当たり前の構成ですから、これでは特許にならないと思われます。しかしながら、権利が確定したものなら回避することを考えれば良いわけですが、このような公開段階では今後どのように権利範囲が変えられるか、予想してもその通りとなるかは不明です。他社が特許になるはずはないと高をくくって権利範囲に近い構成にしたとすると、権利範囲を限縮してでもそれを含んだ請求範囲に修正して権利化することが考えられます。これは他社にとっては悩ましい出願となりました。だからといって特許が確定するまで開発しないというわけにはいきません。

　このため、吸気孔と排気孔を直行させ、排気を下に出すという回避策を採ったものが**図表6-6**です。(特開昭61-53422)

　さらに、吸気と排気を逆にするとともに、排気孔を斜めにしたものが**図**

表6-7です。（特開昭63-88214）

　後の2者はいずれも確実に特許を回避するために採られた構成です。排気管を介して直接にマフラーが取りつかないなどにして回避しているので、商品となるとコスト的には先行出願のものが勝ります。このホンダの出願は、最も簡単、低コストでできる構成を他社には採用させないことを狙った出願です。

　汎用エンジンは一度商品化されると長く続けられる商品です。自動車のような数年という期間でモデルチェンジが行われるものではありません。少しの性能の違いが商品力になるというものでもありません。コストが優先です。OHVにすることが特許されるものではありません。OHVの構成はいろいろ考えられます。そのため、先に自社で最もコストで勝る最善策を出願し、それによって他社にはコスト高となる構成を採らせることで、自社にとって競争を有利にするという、その目的を果たしたものでした。

　後にホンダの出願は拒絶査定となり特許されませんでした。しかしなが

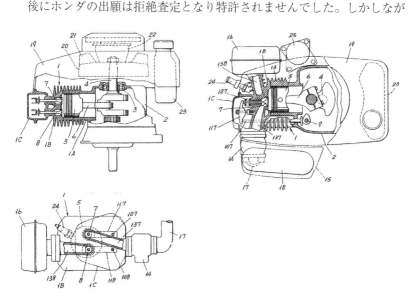

図表 6-5　バーチカル OHV エンジン特許（ホンダ）

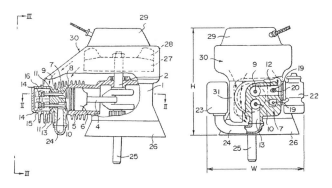

図表 6-6　バーチカル OHV エンジン特許（川崎重工）

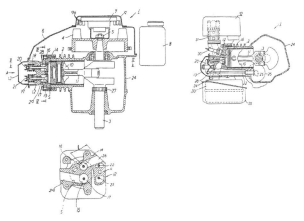

図表 6-7　バーチカル OHV エンジン特許（ヤマハ）

ら、その頃には他社は前記したコストで不利な構成で商品化していました。ホンダにとっては、権利化には至らなかったものの、公開することにより相手に回避策を採らせるという、効果を得たものとなりました。

3．携帯型2サイクルエンジン
～何より小型軽量が第一！～

最も小さなエンジンとしては模型用エンジンがありますが、実用として使用できるものとしては携帯型エンジンになります。**図表6-8**に示した刈

払機やヘッジトリマ、ブロワや噴霧器など、ホームセンターにも置かれている商品です。農林業用や園芸用の動力源として用いられています。主に25cc程度のものが多いですが、20ccくらいから輸出用で50cc程度のものもあります。

　肩からさげたり、背負ったり、手で持ったりと、エンジンの支え方は用途によって変わりますが、人が質量を負担するものですから、身体に負担にならないよう、とにかく軽量で小型であることが求められます。そのため、ずっと2サイクルエンジンが用いられてきました。簡単で低コストということもあります。**図表6-9**のようにシリンダのクランク回転方向左右

携帯型エンジン

図表6-8　刈払機

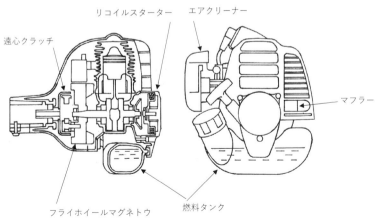

リコイルスターター　　エアクリーナー

遠心クラッチ

マフラー

フライホイールマグネトウ　　燃料タンク

図表6-9　携帯型2サイクルエンジン

に吸気系と排気系が分かれて配置され、下方には燃料タンクが備えられているのが標準的な構成です。

　携帯型エンジンに求められる特徴は、作業状況に応じたどのような姿勢でも運転できることです。縦でも横でも、上下を逆にしても問題なく運転できることが必要です。そのために、キャブレターにはフロートレス型が用いられています。吸気やクランク室の圧力変動を利用してダイヤフラムを振動させて燃料を汲み上げるものです。また潤滑を考えると、燃料にオイルを混合した混合燃料ですむ2サイクルは、潤滑のために特に何もしなくてよいので、好都合ということもあります。

　シリンダとシリンダヘッドは一体です。部品数は最小限です。ダイカストで製造されるので、ポート形状は型抜き可能な形状となります。シリンダに直接マフラーが取付けられます。

　運転は通常スロットル全開か、それに近い開度で連続して運転されます。エンジン単体の無負荷では最高7,000rpm程度です。刈払機などでは遠心クラッチが用いられているので、最低使用回転数は3,500rpm程度です。ですから運転範囲は広くなく、スロットル開閉による過渡運転追従性も問題になることは少ないです。

　排気系の動的効果は使えなく、マフラー容量は小さいので、回転が上がるとマフラー背圧の上昇に伴って排気ポートから排気されにくくなり、従って回転が上がるとトルクは低下するという特性になります。このため、負荷がかかるとトルクが高まるので、粘り強いエンジンという感じにはなります。

　始動後すぐスロットル全開にされる運転となりますが、ファンで冷却しているので二輪車のような冷却の不安定さはありません。

　とにかくコスト低減が優先されてきましたが、原因の一つにはエンジンとしての違いが出しにくいということもあります。排気系などの性能向上手段があるわけでないので、排気量が同じなら出力も同じになります。それは、小さくなると燃焼室の形状に自由度は少なく、S/V比が大きくなる

ため燃焼室壁から逃げてしまう熱が大きくなるからです。熱効率が低下して、燃費の違いなど小さくなってしまいます。

例えば、上死点でピストンと燃焼室との最小の隙間は、寸法が小さいからといって比例して小さくできるわけではありません。最低の隙間を取ったら、圧縮比を確保するための残りの容積は、ごく限られてしまいます。設計の自由度は少なく、誰が設計しても同じような設計にしかならないわけです。敢えて意志を込めた設計をしても、結果としては出力や熱効率には差が出にくくなってしまいます。掃気ポートも設計できる形状には制約があるため、掃気流の向きをどうするかなどの考えは反映しにくくなります。このように、排気量が小さくなると誰が設計しても似たものになり、変えたとしても運転で実際に違いが表れにくくなるということです。

携帯型エンジンにも環境対応が求められるようになり、排気ガス低減が必要となりました。小型だからといって排出される排気ガス量が少なくなるわけでもありません。**図表4-5**に示したように、給気比、即ちスロットル開度が大きくなるほど吹き抜けは多くなります。スロットル全開近くで運転されるわけですから、排気量は小さいとはいえHC濃度はどうしても高くなります。回転数も高いですから「濃度×ガス量」で排出される排出重量は、排気量ほどには少なくありません。

小型になるとコスト的に使える対策手段は限られてきます。排気ガス低策の一例として、キャブレターから混合気を供給する経路とは別に空気の経路を設けて、クランク室には混合気を吸入して、掃気ポートの出口近くに空気通路をつなぐようにしたものがあります。ピストンの上昇に伴ってクランク室に混合気を吸入すると同時に、掃気ポート近くに空気を吸入します。ピストンの下降に伴ってクランク室が圧縮されて、掃気ポートが開口すると最初に掃気ポート近くの空気が噴出し、その後に混合気が供給されるというわけです。

これは成層給気を狙ったものです。**図表6-10**に示すように、考え方は空頭掃気や層状掃気と呼ばれる、掃気ポート近くに空気を吸入しておき、

掃気タイミングの初期には空気で掃気するという考えです。吹き抜けやすい先頭の掃気流を空気にするものです。先に燃焼室に入った掃気は先に排気に吹き抜けるだろう、であれば掃気の初期を空気にすれば排気HC濃度は下がるだろうという考え方です。(特開2000-310121)

　上記の考え方のように時間の違いで吹き抜けが生じているとしても、掃気ポート近くの空気は混合気と混ざりますから、分離した空気だけで掃気できるわけではないと思います。しかし、運転範囲は限られていますからそこに適合させることで、効果を出せるやり方もあるかと思います。

　携帯型エンジンの多くのメーカーの排気ガス対策の考え方も同様です。他の例を**図表6-11**に示します。(特開2000-136755)

　携帯型エンジンは軽量であることが求められてきました。軽くするためには小型化することです。マフラーがシリンダに直に取付られており、マフラー容量としては小さく、そのため排気騒音は静かとはいえないレベルです。遠くからでも運転している排気音が聞こえるのは経験しています。昔に比べて静かになった感じはありません。マフラーの容量が変わらなければ騒音の減衰効果も同じなので、当然です。

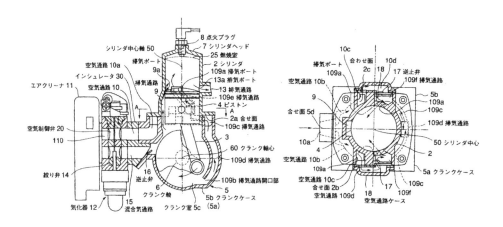

図表 6-10　先に空気で掃気する排気ガス対策の一例（三菱重工業）

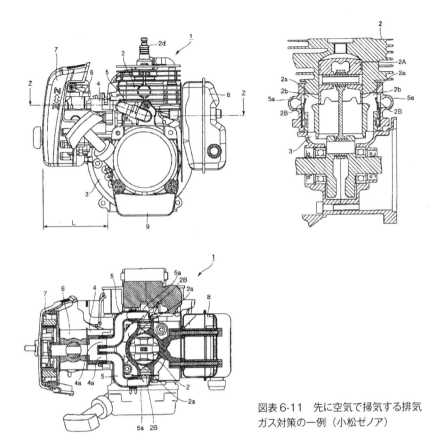

図表6-11　先に空気で掃気する排気ガス対策の一例（小松ゼノア）

　振動に関しても、仕事に使うプロ用でもないホームセンターの商品には振動があります。高回転なので慣性力による振動が問題となります。手に持つハンドルの振動が特に問題となりますが、我慢できないレベルではない、振動による障害は発生しないというレベルではあります。簡単なゴムを配置して取付けてある構成なので、振動が効果的に低減できる構成であるとはいいかねます。どのメーカーのものも同じ程度です。単にゴムを用いただけでは、しっかり振動が低減できるというわけではありません。振動を確実に低減するには理論に基づいた対策をすることが必要ですが、そのようなやり方を採られているものを見つけることができません。

4. 携帯型4サイクルエンジン
～小型だからできる設計～

　携帯型エンジンは長らく2サイクルの独壇場でした。そこに4サイクルエンジンが現れました。いずれ厳しくなる排気ガス規制を見越して、4サイクルエンジン市場で先行する戦略と考えられます。

　吸・排気バルブを備えるためにシリンダヘッドは大型になり、部品も増えるのでコストは上がります。潤滑のためのオイルを入れるタンクも必要ですから質量も増えます。そして、特に携帯型としてあらゆる姿勢で潤滑を可能とすることが条件です。そのため、オイルタンクのオイルをスリンガでかき混ぜて霧状にしてピストンの上昇で吸い込み、クランク、ピストンを潤滑し、ピストンの下降で排出してカムを潤滑し、その後バルブまわりに送り出します。噴霧状のオイルで潤滑するわけです。オイルタンクは円筒状でクランクと同軸上に配置されています。（特開平9-170420）

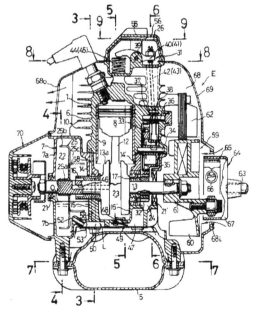

図表6-12　オイルを霧状にして潤滑する携帯型4サイクルエンジン（ホンダ）

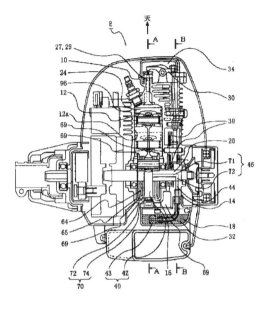

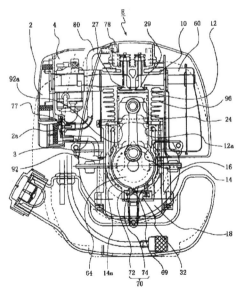

図表6-13　クランク室下方にオイルタンクを設けた携帯型4サイクルエンジン
（富士ロビン）

シリンダとシリンダヘッドは一体なので、吸・排気バルブはシリンダ軸と同方向で平行に配置されるため、燃焼室はバスタブ型となります。

　携帯型エンジンとして、4サイクルエンジンは軽量と小型という点では2サイクルエンジンに及びませんが、価格を2サイクルエンジンと同等に抑えるなどした長期間の販売活動によってホームセンターの商品として並ぶようになり、一定のシェアを得るようになっています。

　潤滑が問題となるのは姿勢によって油面が変動してオイルを吸入できなくなるからです。であれば吸入口が常にオイル中にあれば吸入できるわけで、そうすればかき混ぜて霧状にする必要はないという考えもあります。そもそも、燃料を供給するために、燃料タンク内で燃料吸入口が自在に移動できるようになっています。同じやり方を採ればオイル溜めとしての機能で良くなります。オイルタンクの大きさも小さくできるので、クランク室の下方にオイルタンクを配置することができ、エンジンを小型にできます。その考え方のものが**図表6-13**に示すものです。

　ピストンの上昇で微量のオイルをクランク室に吸入します。クランク室に吸入されればオイルは霧状になります。下降で排出してカム、バルブを潤滑するのは同じです。オイルは潤滑のためだけで、自動車用エンジンなど通常の4サイクルエンジンのようにオイルに冷却するという役目を持たせていないので、少ないオイル量ですませています。オイルを攪拌するためのロスを発生することもありません。（特開平10-288020）

　小型軽量が求められるのは携帯型エンジンの宿命ですから、そのために有利な構成が必要となります。汎用エンジンなど一般的なOHVにおけるクランク軸とカム軸を平行に配置した構成では、カム軸が長くなり、さらにバルブ配置から、シリンダのクランク回転方向左右に吸気系と排気系が配置しにくくなります。そのため、カム軸をシリンダ横に配置するようにして1つのカムで吸・排気バルブを作動する構成にして小型化を図るとともに、シリンダの左右に吸気系と排気系の配置を可能としています。携帯型は高回転で使用されるといっても、OHVの動弁系部品は小型で軽量な

ので、高回転化の障害になることはありません。2サイクルと同じ程度の
最高回転数は得られています。バルブは軽量なのでスプリング荷重も小さ
く、そのためカムの潤滑はミスト状オイルで十分です。

　小型になると機能的な違いが出にくいと説明しました。それでも、技術
的な差別化を表わすためか、タイミングベルトを用いたOHCを採用して
いるものもあります。1つのカムで吸・排気ロッカーアームを作動させて
いるものです。タイミングベルトはオイル中で使える材質とし、取付ける
だけで張力を持たせるようにして、テンショナなどを不要としています。
「ベルトだけ」という最も簡単な構成でOHCを実現させています。画一的
なOHVでない独自の設計です。

　4サイクルエンジンとしては、最低限、動弁系は必要です。だからと
いって2サイクルエンジンよりも重くて構わないとは思いません。小型軽
量は強い市場ニーズであったはずです。であれば、商品としてはできるだ
け2サイクルとの質量差をなくすことが大切です。2サイクルは混合燃料
を使いますが、給油が面倒だとか入手に問題があるわけでありません。4
サイクルでは純ガソリンを用いますが、だからといって便利というわけで

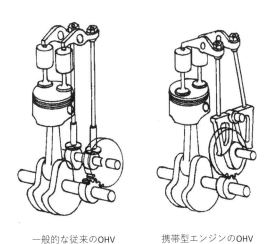

一般的な従来のOHV　　　携帯型エンジンのOHV

図表 6-14　携帯型エンジンの OHV 動弁装置

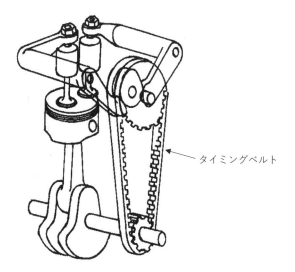

タイミングベルト

図表6-15　携帯型エンジンの OHC 動弁装置

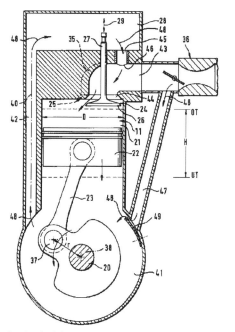

図表6-16　混合気潤滑式4サイクルエンジン（スティール）

もありません。4サイクルは燃費が良くなるとはいえ、小型なので使用量そのものは多いわけではありません。逆に2サイクルエンジンには必要ないオイルの点検、補充が必要です。そのためにオイルを保管しておくことも必要になります。

　そもそもオイルで潤滑するからオイルタンクが要るわけです。4サイクルでも2サイクルのように混合燃料で潤滑できれば、ずっと簡単になります。潤滑系がすべて不要になります。そうして混合潤滑式の4サイクルエンジンが現れました。吸気通路からクランク室につなぐ経路と、動弁室と吸気通路につなぐ経路を加えたものです。（特開2000－192849）

　クランク室に混合気を吸入してからシリンダヘッドの動弁室に送り、吸気と一緒に吸入するものです。クランク室に入る混合気は一部ですから、2サイクルのように全量が入るわけではありません。ですから、これでクランクやピストンの潤滑が十分なのかという懸念が生じます。実は、クランク軸受やクランクピン軸受は転がり軸受ですから、潤滑のためのオイル量は少なくても構わないわけです。主にピストン冷却のためにガソリンの気化熱による冷却を利用しているわけです。

　実は、小型になると表面積が大きくなるので、ピストンの熱はシリンダに伝わりやすいため、温度が上がりにくいので冷却は問題になりにくいのです。また、軽量化のためシリンダはアルミで内面にメッキしたものです。ですから、一部の混合気の気化熱で問題なく冷却できているわけで、携帯型エンジンという条件でこそ成立する構成です。実際、ピストンはアルミダイカストです。出力の高くない小型汎用エンジンや携帯型以外のエンジンはアルミダイカストでは成立できません。小型だからこそ熱的に有利であることの証明です。

　これは、オイルに冷却するという機能を持たせることなく、潤滑のためだけのオイル量で済ませることからさらに進んで、混合気潤滑の一部だけで冷却を可能にしたわけで、小型であるからこそ実現できた構成です。2サイクル用と4サイクル用とで、オイルの性状が大きく異なるわけでもあ

りません。2サイクルの混合燃料を用いることによる機能への問題はありません。

いわれてみればその通りです。4サイクルエンジンの不利をどのように補うかという問題について、小さなエンジンは大きなエンジンと同じ条件で考えなくても良いわけです。小型である特性を考えたら、このようなエンジンも成立するということです。実際、商品となった混合気潤滑式エンジンの質量は2サイクルエンジンと遜色ないレベルでできています。

燃焼は4サイクルの燃焼ですから排気温度も上がるので、混合燃料でも2サイクルエンジンのような排気煙を発生する問題はありません。

前記、**図表6-12、6-13、6-16**の3例は実用化されているものです。簡単、軽量な構成とすることは携帯型エンジンの目指すところです。そのため色々なアイデアが出されてきていますが、他のアイデアとして**図表6-17**に例を示します。2サイクルのシリンダ、クランクまわりに4サイクルのシリンダヘッドを組合せた構成です。混合燃料を用います。同じような考え方の例は多くありますが、2例を紹介します。(特開平11－81963　新ダイワ工業)(特開平5－222944　石川島芝浦機械)

携帯型エンジンの市場としては刈払機が最も大きいです。説明してきたように、携帯型エンジンは小型、軽量とともに価格が重視されてきました。しかし、振動や騒音レベルはずっと変わらないままです。作業者が振動や騒音に満足しているわけではありません。遠くからでも騒音が聞こえます。病院や学校の近くでは、作業がはばかられます。

ところが、これは電動式では全く問題になりません。モーターを用いるとエンジンの欠点をすべて解決してくれます。うるさい騒音や振動からも解放されます。「モーターのように滑らかに」とか「モーターのように静かに」などの表現はありますが、エンジンはそのようには表現されません。乗り物ではガタガタ回ってうるさいエンジンを、何とか気にならないで回すように努力してきましたが、携帯型エンジンではその進化が遅いようです。

しかも、モーターにすることによって取り扱いがずいぶんと楽になりま

す。例えば**図表6-18**のように、エンジンでは始動するために必要な多く
の操作手順があります。

　エンジンなのだから、昔からやっているから当たり前だと思ってしまい
ます。でも、モーターではそんなことは何も気にしなくて使えるのです。
エンジンではフロートレスキャブレターのため燃料タンクから燃料を送り
込むための操作や、クランクを回転させるために力を入れてロープを引っ
張る操作が必要です。モーターはそのような必要もなく、ただスイッチ
を入れて運転モードを選択するだけで良いのです。それだけで使えるので
す。家電製品と同等です。

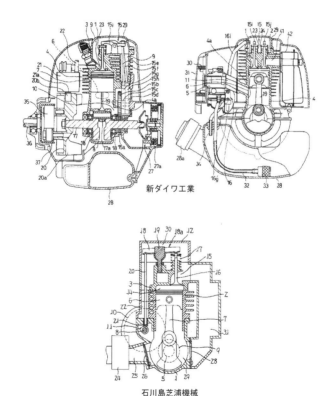

図表 6-17　混合気潤滑式 4 サイクルエンジン（新ダイワ工業／石川島芝浦機械）

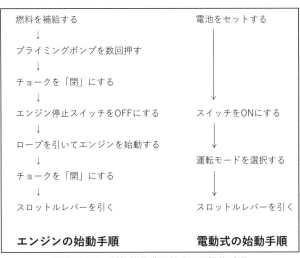

エンジンの始動手順	電動式の始動手順
燃料を補給する ↓	電池をセットする
プライミングポンプを数回押す ↓	
チョークを「閉」にする ↓	
エンジン停止スイッチをOFFにする ↓	スイッチをONにする
ロープを引いてエンジンを始動する ↓	
チョークを「開」にする ↓	運転モードを選択する
スロットルレバーを引く	スロットルレバーを引く

図表6-18　刈払機作業開始までの操作手順

　さらに、エンジンは冬場など長期間使用しない時にはキャブレターやタンクから燃料を抜くことが必要です。モーターではそのような作業や抜いた燃料の保管にも気を遣う必要はありません。少子化の影響で女性や老人でも楽に使えるようにと考えると、もうエンジンは勝負にならないのは明らかです。草を刈るための道具ですから、ちゃんと草が刈れて価格が納得できれば、騒音も振動もないのですから、もう電動式以外に選択の余地はないように思います。電動式刈払機にとって代わられるのは時間の問題のように見えます。

　しかし、リチウムイオン電池でも作業できる時間はまだ十分なレベルにはなく、予備の電池を持たないと仕事に使えるようになりません。しかもエンジン式よりも高価で重いのです。これ以上にバッテリ容量を増大させるのでは商品になりません。EVがガソリン車よりも高価で重いのと同じです。

　汎用エンジンがOHVになって市場に変化が起きたように、携帯型エンジンも電動式に対抗するために、今後新たな機能を付加することが生き残りのために求められるように思われます。

第Ⅶ章
もっと知るエンジンのあれこれ

‖ 1．高速回転の難しさ
～高回転だけでは意味はない～

　熱効率重視の時代に高速回転は合わないと思いますが、かつて、高出力を目指して高回転化が指向された際に、コンロッドやピストンをいかに軽量化できるかが設計のウデでした。無駄のない軽量化設計はもちろん、高強度や高温強度に優れた材料が使われてきました。例えば一般にピストンはアルミ鋳造ですが、二輪車の高性能モデルでは１グラムでも軽量化したいために、高温強度の高いアルミ鍛造のピストンが多く使われています。

　しかし、単に回転を上げるだけでは高出力にはつながりません。それによる弊害やロスも大きくなります。そのために行われてきた対策は技術的に重要なものです。

（1）排気圧力波の利用
～排気管は性能向上デバイス～

　回転を上げるのは出力のためですが、出力は回転数とトルクの積ですから、回転数増加に伴って１サイクル当たりの時間が短くなるので、体積効率が低下してトルクが低下したのでは高回転化の意味がありません。トルクは1回転での吸入空気量ですから、そのままでは回転上昇に伴う１サイクル当たりの時間が短縮されることによって吸入空気量が低下してしまうことは理解できます。ですから、バルブ径を大きくしたり吸・排気管径を

大きくして吸入抵抗を減らしているわけです。さらに、可変装置を用いてきたのは前述の通りです。

どうすれば馬力が出せるのかまだ分かっていなかった1960年代に、ホンダが世界の二輪車レースに打って出て、やがて連勝するようになってレースを席巻し、ホンダの名を世界に知らしめたのは、高回転による出力を得るためにいち早く吸・排気系の動的な圧力効果に着目し、これを利用して体積効率を向上させたからです。

レース用でなくて市販車であっても、高回転で使用する二輪車は排気系の効果が性能に大きな影響を与えます。これは、二輪車の排気管が各気筒独立しており必要な長さを得られるからです。そのため、排気管内の圧力振動を性能向上に効果的に用いており、市販車でもリッター当たり馬力が200PSは当たり前となっています。

高回転で使用するエンジンは4バルブが当たり前となっています。効果について、これまでは吸気についての話が多く聞かれました。しかし、排気も1バルブから2バルブとすることで、低リフト時には「バルブ周長×リフト」面積が増えますから、より大きな排気圧力を急速に排出することによって圧力波の利用が効果的にできることになります。

燃焼室から出た排気ガスの圧力波は排気管内を出口側に進み、排気管の開放端で反射されて負の圧力波となって排気ポートに戻ります。この時、吸・排気バルブのオーバーラップ時期であると、燃焼室内の燃焼ガスを吸い出して新気を燃焼室に吸入します。体積効率が向上してトルクが増します。特に、高回転のためオーバーラップが大きく設定されているので、効果は大きくなります。

負の圧力波は排気バルブ端から同位相の負圧波となって進み、再度出口端で正反射波となって、反射をくり返します。

このように圧力振動が発生するため、1次負圧反射波を最高トルク回転数に合わせた排気管長さを設定しています。負の圧力波を大きくするには上記のように排気を2バルブとすることが効果的です。しかし、他の回転

数では同調がずれたり、逆に正反射波がオーバーラップ時期に作用すると体積効率を低下させてしまうことになります。トルク谷と呼ばれる現象です。エンジン回転数によって**図表7-1**のような特性を示すようになります。トルクの落ち込みは使いにくいエンジンとなります。

　そのため、正反射波が排気ポートに戻ることをなくすため、**図表7-2**のような排気管出口に開度調整のバルブを設けたものがあります。排気管出口の開口比率を変化させることによって反射波の制御を行ってトルク特性を改善するものです。低中速域のトルクを改善していることはもちろん、アイドリング状態では開口比率を0.1程度まで絞ることによって、圧力波の影響を排除して回転を安定させています。開口を1.0とした全開時には大きな容積のチャンバに開放するため、圧力波を効果的に利用できるようになっています。1987年にヤマハFZR400Rで実用化され、以降、高出力が求められるスーパースポーツモデルの多くに出力向上デバイスとして採用されています。

　使いやすいエンジンには、低回転から高回転まで谷のないトルク特性を有することが求められます。排気量が小さくなると広い回転範囲で使われ

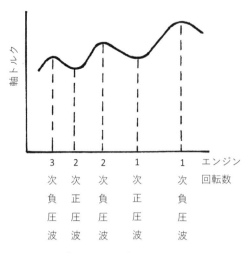

図表 7-1　エンジン回転とトルク

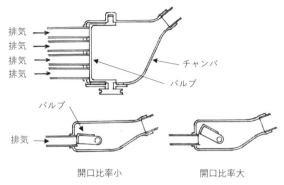

排気 →
排気 →
排気 →
排気 →

チャンバ
バルブ

バルブ

排気 →

開口比率小　　　　　　　開口比率大

図表 7-2　ヤマハ EXUP（エグザップ）

図表 7-3　ヤマハ FZR400R（1987 年）

ることが多くなるので、低回転から高回転まで滑らかにトルクの山をつな
ぐことが重要になるわけです。

（2）燃料噴射

〜どのように微粒化、気化するか〜

　高回転では 1 サイクル当たりの時間が短くなるわけですから、当然なが
ら吸気管から噴射された燃料がシリンダ内で圧縮されて点火するまでの時
間も短くなります。燃料粒が気化できる時間が短くなって燃料粒のままで
燃焼したのでは空気利用率が下がり不完全燃焼を起こすため、出力が得ら
れなくなります。エンジンが小型になるとインジェクターから吸気弁まで
の距離も短くなるので、燃料が空気と触れる距離が短くなるのでさらに気

化しにくくなります。

　一般的な300kPaの噴射圧のインジェクターからの吸気管噴射では、燃料の粒径は100〜200μm程度です。排気量が小さいからとインジェクターを小型にして噴射する燃料の量を少なくしても、燃料の粒径が小さくなるわけではありません。レース用など特殊なものなら燃料噴射圧力を上げて微粒化することもできますが、市販車では一般の低圧の噴射システムを使用することになります。

　そのため、2つのインジェクターを用いるものがあります。二輪車エンジンではスロットル開閉に追従した急激な回転数変化が求められます。そのため、1つは吸気ポートに近づけて燃料が遅れなく燃焼室に届くように配置され、そしてもう1つは吸気管入口を目指して噴射するよう上部に配置されているものです。

　低中速回転では吸気ポートに配置したインジェクターから噴射します。低中速といっても3,000〜6,000rpmくらいですから、自動車用エンジンの中〜高回転レベルです。それからさらに高速になると吸気管入口に配置したインジェクターからも噴射されます。吸気管入口から噴射することで燃焼室までの距離が長くなり気化しやすくなることを狙ったものです。高回

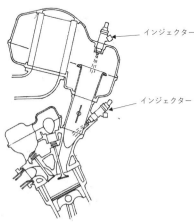

図表 7-4　二輪車の2インジェクター

転では1サイクルの時間が短いため気化しにくいので、燃焼室までの距離を長くすることは効果的です。2つのインジェクターとすることで、噴射時間が短くできることも有効です。

思えば、キャブレターの頃には、キャブレターから吸入された燃料は噴射した燃料よりも微粒化されていたので、このようなことは問題にならなかったわけです。出力を得るには優れた燃料供給装置でした。

（3）クランク給油

〜低油圧で給油する〜

摩擦損失低減のために、潤滑のためのオイルポンプの駆動を低減することも有効です。クランク軸受とクランクピン軸受は大きな荷重を受けて摺動しているので、潤滑だけでなくオイルによって油膜を冷却する必要があることから、最も油量を必要とします。そのために油圧を加える必要があり、それによってオイルポンプの大きな駆動力が必要となります。

一般的な潤滑法ではクランク軸受の外周から穴を通してクランクジャーナル中心までオイルを導き、そこからクランクピンにつなぐという、横から見るとH形の油孔となっている通路です。この設計では、クランク軸受の油孔のオイルは回転によって遠心力で飛び出そうとしますから、この遠心力以上の油圧を加えないとオイルは入っていかなくなり、クランクピン部にオイルが供給できなくなります。遠心力は回転数の自乗で上昇するので、高回転になるとかなり大きな油圧が必要となります。

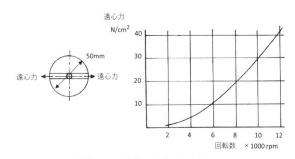

図表 7-5　油柱に発生する遠心力

例えば、ジャーナル外径50mm、中心の連通穴径6 mmとしたとき、回転によって発生する油柱の遠心力は**図表7-5**のようになります。これが必要な最低油圧です。これ以上の油圧を加えないと、ジャーナル中心までオイルが入って行きません。そのため、高回転では必然的にオイルポンプも大型化が必要となります。

　これに対し、クランク端の中心からオイルを供給できると理屈からは油圧ゼロでもオイルは供給できます。必要な油圧はずっと小さくなるのでオイルポンプの駆動ロスは小さくなります。クランクピン軸受にはジャーナル中心からの油柱遠心力が加わるので潤滑は格段に改良されます。供給する油圧を低くしても必要な油量が得られる給油法です。

　クランクやクランクピンは直径を小さくし、軸受は幅を小さくして、とにかく摩擦損失を低減したいわけですが、給油の仕方についてはそのままとなっています。潤滑油圧を低下できればオイルポンプの駆動ロスが低減できます。クランク中心給油は、可変容量ポンプを用いなくても、もっと小型のオイルポンプで可能とできる給油法です。クランク中心給油はレー

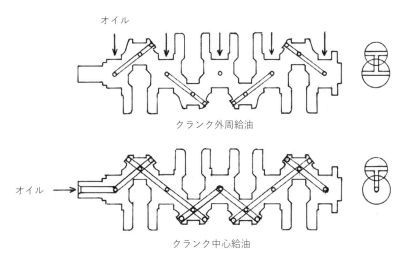

図表 7-6　クランク外周給油とクランク中心給油

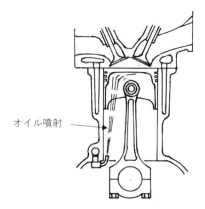

オイル噴射

図表 7-7　ピストン裏へのオイル噴射

ス用エンジンでは用いられていますが、市販の自動車用エンジンでは実施例はないようです。

　細かい話になりますが、クランク室内のオイル量を減らすことも損失低減になります。ターボエンジンなどでは発熱量が増えるため、ピストン裏側にオイルを噴射して冷却しているものが一般的です。このオイルはピストンの下降によって叩き落されクランク外周に衝突します。これは、オイルを叩く力とクランク外周から跳ね飛ばすことによる動力損失となります。例えば、水たまりを走行する際に水を飛び跳ねさせるために抵抗が増えるのを日常の生活の中で経験していますから、オイル量を増やすことによるロスは高速回転しているクランクでは馬鹿にならないわけです。

（4）クランク室内のポンピングロス

〜空気の移動もロス〜

　あらゆる動くものがロスを発生するため、対策について説明するときりがないですが、最後にこういうロスもあるという例を紹介します。

　4気筒では180度ずれたピストンピン配置に伴い、あるピストンが上昇すると隣のピストンが下降します。下降によってピストン裏側の空気を隣に押し出して、上昇するピストンは空気を隣から吸い込みます。4気筒全

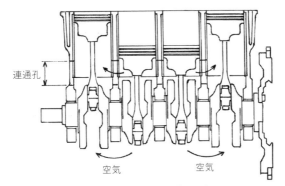

連通孔

空気　　　　　空気

図表 7-8　シリンダ連通穴

体で見るとクランク室内の空気量に変化はありませんが、気筒ごとではピ
ストン裏側の空気が移動しているわけです。ピストンは裏側でも空気を移
動するポンプの作用をしていることになります。このように空気がクラン
ク外周とオイルパンの油面との間を通って出たり入ったりして左右に移動
するわけですが、その時に抵抗となってロスを発生します。回転するクラ
ンクの外周と油面との隙間は、高速で空気が移動するにはピストンから距
離が長いし狭すぎます。

　このため、シリンダ下端に穴を開けてシリンダ間を連通させると、この
穴から短い距離で抵抗が少なく空気が移動できるので、損失が減らせま
す。下死点時のピストンリング位置よりも下に穴を設ければ、作動にも影
響はありません。

　低回転ではあまり問題になりませんが、高回転になるとこのようなロス
も無視できないようになるわけです。

　燃費改善のためには燃焼のさせ方が大事なのはもちろんですが、有効に
動力を取り出すためにはロスの低減が重要です。高速回転になると低速回
転では問題にならないロスが発生してきます。ロスは熱を発生するのでそ
れによってさらに出力の低下などにも影響してきます。

（5）楕円ピストン
～歴史始まって以来のアイデア～

　馬力を出すには高回転にすることが重要ですが、必要な体積効率を得るためには吸気バルブの必要開口面積を大きくすることが不可欠です。吸気ポートの形状をいじっても、そもそも面積が足りないのでは話になりません。

　では、どこに限界があるのかという指標が必要になります。音速以上の速度で吸気することはできません。そのため、行程容積の何パーセントを吸入したかという体積効率と、吸気諸元との関係は平均吸気マッハ数Mimで示され、

$$\mathrm{Mim} = \frac{6 \cdot \mathrm{Ne} \cdot \eta\mathrm{v} \cdot \mathrm{Vs}}{34000 \cdot \mathrm{Wa} \cdot \mathrm{Ave}}$$

　　Ne：エンジン回転数

　　ηv：体積効率

　　Vs：排気量

　　Wa：吸気弁作用角

　　Ave：吸気弁有効開口面積

によって関係づけられ、Mimが0.5を越えるところから急激な体積効率の低下が始まることが確認されています。それ以上での回転は出力が低下して使えなくなるということです。要するに、高回転で体積効率を確保するには吸気流速の限界を越えないために、十分に大きな吸気バルブ面積が必要になるということです。

　高回転で出力を得るためにボアを大きくすればバルブ面積を大きくすることはできます。しかし、高回転の制約になるのは動弁系です。高回転での確実なバルブ作動のためには小型にして軽量化を図ることが効果的です。そもそも、4バルブもレースのためにバルブを軽量化することで高回転を狙って登場したものです。確実な作動とスプリングの問題を回避するには小型にすることが必要です。ところが、レースでは規約によって気筒数が決められているので、かつてのような250ccで6気筒4バルブなどと

いう多気筒化によるやり方はできません。

　レース用として二輪車の500cc　4気筒で20,000rpmを目標とするには、4バルブでもバルブが大きすぎると考えられました。つまり、4バルブ以上の多バルブが必要になるということです。

　今日ではレース用エンジンは圧縮空気を用いてバルブを戻しており、動弁系が許容回転数の制約になることはありませんが、かつてはコイルスプリングを用いていましたから、回転数が上がると折損やサージングなどの問題がありました。

　では、どうやって多くのバルブを配置するかが問題となります。実は、4バルブ以上のバルブ数にしたアイデアはずいぶん昔からあります。昭和27年に公告となった特許で、吸気3、排気2とした5バルブ、及び、吸気3、排気3とした6バルブが示されている例を**図表7-9**に示します。（特公昭27-2060）

　目的は冷却改善で、バルブ数を増やすとバルブのシリンダ中心からの距離が大きくなって、点火プラグとの間に冷却水通路を確保しやすくなるの

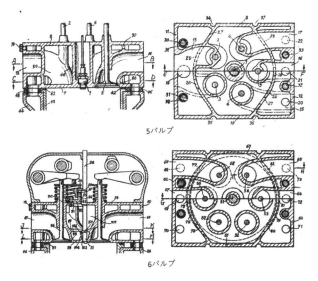

5バルブ

6バルブ

図表7-9　5バルブ及び6バルブの例

で冷却が改善できるというものです。しかしながら、ボアに沿って周状に
バルブを並べるのは、誰もが思いつくバルブの並べ方です。バルブ数を増
やしてもバルブ面積は増えにくくなります。ではどのようにするかという
ことです。円いシリンダに多数のバルブを効率よく配置するのは難しい問
題です。

　そこでシリンダを長円にする方法が発想されました。長軸方向に平行し
て４つのバルブを並べると合計８つのバルブが配置されます。８つのバル
ブは４バルブの２気筒と同等ですから、４気筒で８気筒相当とできます。
多くのバルブを並べるためにボア形状を変更してしまうというアイデアは
秀逸です。動弁系の機構は従来のリフター式とできるので問題になること
はありません。バルブスプリングも小型になると固有振動数が上がるの
で、サージングなどの問題はなくなります。これで動弁系の高回転は実現
可能となります。

　しかし、長円のシリンダでピストンリングが成立できるか、シリンダや
ピストンはどう加工するか、それぞれ大きな難題です。その上でこれらの
問題を克服して、1979年にホンダがNR500というマシンでレースに出走
しました。後に外国から、円くないシリンダのアイデアが載った過去の書
籍が出されたりしましたが、アイデアを出した目的も解りません。自国が
優れていることをいいたいのだと思いますが、円くないシリンダを実際に

図表 7-10　ホンダ NR500（楕円ピストン搭載レーシングマシン）

運転したのはエンジンの歴史始まって以来です。アイデアも素晴らしいですが、実現にはどれだけ多くのヒト、モノ、カネが注ぎ込まれたか、通常の開発体制ではできるものではありません。

その後も開発が続けられ、出力は向上していきました。それでも出力では2サイクルに及ばず、スプリントレースでは目立った結果を残すことができませんでした。その結果、数年で撤退し、2サイクルに移行することになりました。**図表7-11**は後に1992年になってNR750という、750ccで市販された唯一のものです。ピストンは楕円形状とされています。長円ではピストンリングの短軸方向の面圧が確保しにくいということへの問題解

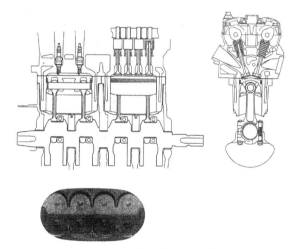

図表 7-11　楕円ピストンエンジン

図表 7-12　ホンダ NR750（楕円ピストン搭載車 /1992 年）

決のためかと想像します。技術力を誇示する意味合いで最新技術を織り込んで、公道を走れるモデルとして市販された限定商品でした。

（6）ラムエア過給

エンジンの回転を上げるのは時間当たりの吸入空気量を増やすためですが、空気の密度を上げれば同じ効果が得られることはもちろんです。それが過給です。

一般にはターボやスーパーチャージャーを用いることになりますが、回転上昇に伴う1サイクル当たりの時間が短くなることによって、吸入空気量が低下してしまうのを補う程度と考えれば、簡単なラムエア過給も効果的です。

構成としては**図表7-13**に示すような、吸気ダクトの入り口を前方に向けたものです。高速で走行すると、風圧が増してきます。速度に対して2次曲線的に圧力が増すので、200km/hを越えるような速度になると、風圧によって吸気密度を上げることができるので効果的に過給効果が得られます。実際に最高速度が10km/hも上昇できるので効果は大きいわけです。

この速度域では風圧による走行抵抗が大きいので、速度を上昇するにはかなり大きな出力向上が必要になります。それが吸気のダクトの入口を前方に向けることでできるわけです。エンジンはそのままですから、効果は大きいといえます。

ターボなど一般的な過給では走行速度に関係なく、スロットル開度が大きくなるとトルクが増大する効果が得られます。一方、この方法は感覚的

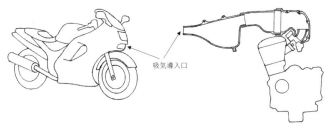

吸気導入口

図表 7-13　ラムエア過給

図表 7-14　カワサキ ZXR250（ラムエア過給搭載車 /1989 年）

には自然吸気そのもので、高速での速度上昇効果を狙ったものです。

　最初に実用化されたものがカワサキの1989年のZXR250と1990年の
ZZ-R1100です。レース用でないので雨中走行での吸気への水滴除去など
が考慮されています。

　実用化された初期のタイプではキャブレターを用いていたこともあり、
吸気圧力の変化による空燃比の変化など難しいところもありましたが、今
日は燃料噴射ですから問題ありません。大してコストが上がることなく出
力向上が得られることから、大型二輪車の高性能モデルには各社で当たり
前に用いられるようになっているものです。

2．人の感覚とエンジン特性
〜乗り物用エンジンの真骨頂〜

（1）加速の良さと加速感は違う
〜加速感は加速度の変化〜

　乗り物としての楽しさの一つは加速です。最高速度は出せる場所は多く
ありませんが、加速は、例えば高速道路へのランプウェイなどでも楽しむ
ことができます。

　図表7-15に２輪車用として同じ排気量のエンジンで同じ最高出力を得
ている、２サイクルエンジンと４サイクルエンジンの性能曲線を併記しま

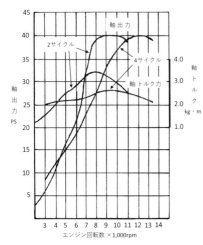

図表 7-15　エンジン性能
カーブの比較

した。

　加速が良いとは余裕駆動力の大きさですから、4サイクルエンジンは加速開始時の低回転でのトルクが大きいので、加速始めの速度上昇が良くなります。追い越し加速のように、シフトをトップギヤにしておいて一定の速度から加速して速さを競うと、「スロットルを開けるとスルスルと飛び出して次第に速くなっていく」という感じです。フラットなトルク特性であるため、速度上昇に伴って走行抵抗が増してきますから、次第に余裕駆動力が小さくなって加速度が落ちていきます。一般的な4サイクルエンジンの加速特性です(自動車用エンジンなどではもっとフラットなトルクカーブですが、2輪車用は高速での性能を上げているので、低下の程度は少ないです)。

　2サイクルエンジンはというと低速トルクが小さいため、スロットルを開けても「じわーっ」と加速を始めます。かったるい加速です。それが途中からトルクの山に乗ると一気に加速を始めるようになります。速度上昇による走行抵抗の増加よりも、次第に余裕駆動力が大きくなってどんどん加速度が大きくなっていくような感じです。大げさないい方をすると「2次曲線的な加速感」が感じられるわけです。

低速からの加速で50m程度の距離ならば加速初めが速いので、4サイクルエンジンが速いと思います。しかし、100m程度の距離があると途中からぐんぐん距離を詰めていく加速の鋭さ、「速ぁぁ！」と感じるようなグーンと増す加速の楽しさは加速度が大きな2サイクルエンジンならではのものです。実際の速さと加速感は異なるので、そこに乗り物としての楽しさがあるわけです。

　ついでながら、2サイクルエンジンは第Ⅳ章で説明したように排気系の圧力波によって出力を向上しているので、この同調域を外れると効果が少なくなります。最大トルク発生回転が最高出力回転となり、その後急にトルクが下がるカーブとなるのはこのためです。二輪車の4サイクルエンジンは排気系によるオーバーラップ時の吸い出し効果でトルクを上げていますが、それ以降も急激には低下しないので最高出力回転を過ぎても伸びが続く感じとなります。

　ターボを装着した初期の自動車は「どっかんターボ」と呼ばれていました。途中からターボが効いて急激に加速が良くなる現象を指したものですが、2サイクルエンジンの加速はそこまで極端ではないにしても、感覚としては同じです。乗り物の楽しさは速さだけではないので、2サイクルエンジン特有の加速感は虜にさせる魅力を感じられるものでした。

（2）楽しさを感じるエンジンとは

〜燃焼トルクをかき消さない〜

　自動車は囲まれた車内に座っているので「馬車に乗っている」と表現されることがあります。二輪車は馬に跨っている感じです。鞍乗型車両とも呼ばれるように、馬の鞍に跨って走っている状態に近いです。加速の良さを表現するのに、自動車は「シートに押し付けられる」ですが、二輪車は「振り落とされる」という言い方になります。

　自動車はスポーツ車では排気音や吸気音で高揚感を盛り上げる手法が採られたりしていますが、エンジンは滑らかな回転が求められます。

　二輪車では鋭い加速や急激な回転上昇などとともに、「力強さを感じら

れる」ことが求められます。商品ジャンルによっては「スロットルを開けた時のトルク感」や、「一発一発の爆発を感じる」などと表現される感覚が重視されます。いずれも、単にトルクが大きいことや、静かに滑らかに回ることが求められているのでもありません。一定回転であってもエンジンが回転することの面白さや楽しさが求められているのです。力強さとは加速の良さも含みますが、数値的にただ加速が良ければ楽しさを感じるかというと、そうとは限りません。滑らかにエンジンが回転すれば良いということでもありません。

　自動車では1次慣性力を発生しないクランク配置と、等間隔爆発とすることが求められます。滑らかな（と思える）回転は等間隔爆発にすることであると考えられてきました。例えば、直列4気筒エンジンは内側の2気筒と外側の2気筒とはクランクピンが180度の角度で配置されています。フラットプレーンと呼ばれる形式です。どこのメーカーのエンジンも4気筒はすべてこの配置です。

　このクランクピン配置は製造は楽ですが、「楽しさを感じる」エンジンとしてベストかというと、そうでもありません。楽しさや力強さを感じるとは、燃焼によって発生するトルクがかき消されることなくクランクから発生できている、それが感じられるということです。そのため、敢えて4つのクランクピンを90度に配置したものが一部の二輪車に採用されています。クロスプレーンと呼ばれる形式です。

　コーナリングで車体を傾けて、後輪タイヤのグリップ限界で（それでも

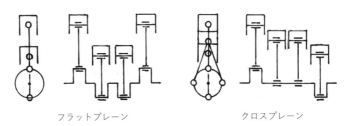

フラットプレーン　　　　　　　クロスプレーン

図表7-16　直列4気筒のクランクピン配置

プロライダーは滑らせながら）走行する際に、タイヤからの情報とアクセルを開ける程度を加減しながら走行することが容易になります。スロットルを開けただけ駆動力が増すのがタイヤを通して伝わるので、よりコーナリングスピードを上げて走行できるようになるわけです。元はレース用に開発されたものです。楽しさや力強さを感じる特性を有することから、市販車としては、2009年にヤマハからYZF-R1に採用され、その後、他機種にも展開されているものです。

　クランクが一定速度で回転している状態でピストンが上死点にある状態から回転すると、ピストン（ピストンピンやコンロッドの往復質量分を含む）を速度ゼロの状態から加速するために、ピストンの慣性によってクランクを減速させるトルクが発生することになります。それからクランクが90度回転するとピストンは最大速度に近くなっており、それ以降の下死点に向かってピストンの慣性力によってクランクを加速させる慣性トルクが発生します。それから下死点になるに従ってピストンの速度が遅くなるため、慣性によってクランクを減速させるトルクが発生します。このようにクランクが回転することによって1回転に2回、クランクに加速と減速を発生させる慣性トルクが加わっているということです。

　フラットプレーンの4気筒では内側の2気筒と外側の2気筒との、2つずつのピストンの上死点と下死点とが同時に来るようになります。4気筒

図表 7-17　ヤマハ YZF-R1 （クロスプレーンエンジン車 /2009 年）

が同時にピストン速度がゼロになることで慣性力が最大となり、それに
よって1回転で2回繰り返される慣性トルクが、ピストンの燃焼トルクよ
りも大きくなります。慣性トルクを加えた合成トルクとしてクランクを回
転するトルクとなるので、燃焼トルクがかき消されてしまって、スロット
ルの開閉に関わらずいつでも同じようにドコドコ変動してクランクが回っ
ていて、燃焼によるトルク感を感じることが少なくなってしまうのです。
燃焼トルクの大きさが変化しても、合成トルクにはあまり影響しないの
で、スロットルの開閉に関わらず同じような感覚で回るエンジンとなるわ
けです。回転数によってドコドコ変動の大きさが変化するだけで、乗って
面白みのないエンジンに感じてしまいます。

　これに対し、クロスプレーンでは異なる90度ずつのクランクピンク配置
によって、気筒ごとの慣性トルクを打ち消すことができます。そのため、
純粋に燃焼トルクを感じることができます。スロットルを開けたら開けた
だけ燃焼トルクによる力強さの変化を感じることができるわけです。フ
ラットプレーンとは全く感覚が異なるエンジンになります。その違いを**図
表7-18**に示します。その感覚は雑誌記者から「従来のクランクでは走る気
をなくしてしまう」とか、「コーナリング中にかつてなく容易にスロット
ルが開けられる」と評されたものです。

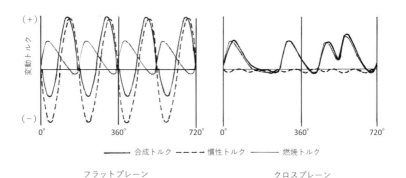

図表 7-18　クランクに発生する変動トルク

このように、馬に跨っている感じの、趣味性の強い二輪車に求められる特有の特性が得られます。エンジンは二輪車にとって単なる動力源ではありません。乗り物としてのエンジンといっても、このように求められる特性は異なるのです。

　慣性トルクの影響は直列2気筒でも同じです。**図表7-19**に示すように、一般には2気筒のクランクピンは360度に配置したものです。2つのピストンが同時に上下しますから1回転ごとの等間隔爆発になりますが、慣性力の大きさとしては単気筒と同じです。このエンジン形式も慣性トルクが影響して、力強さは感じにくくなります。排気量を大きくするとトルクも増しますが、力強さを感じることのない「速いけど面白くない」エンジンになります。2気筒でも4気筒でも慣性トルクの影響を減らすことの重要性は同じということなのです。

　クロスプレーンと同様、V型エンジンは双方の慣性トルクを打ち消します。クロスプレーンはシリンダが並んでいてクランクピン位置をずらしていますが、V型エンジンはクランクピンが並んでいてシリンダがずれているということですから、同じことであると理解できます。理論上は90°Vが理想です。不等間隔爆発となりますが「一発一発の爆発が感じられる！」感覚が得られます。

　くり返しますが、力強さとは数値上のトルクの大きさではありません。法定速度で走行しているときにもエンジンがタイヤを駆動している感覚が力強さなのです。乗って楽しいエンジンとは、カタログに表せない数値化

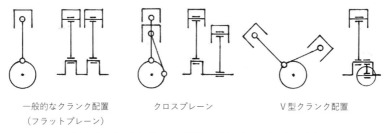

一般的なクランク配置　　　クロスプレーン　　　　　V型クランク配置
（フラットプレーン）

図表7-19　2気筒での直列とV型のクランクピン配置

できない感覚なので理解しにくいかも知れませんが、馬に跨っている感覚の二輪車では、地面を蹴っている感覚が楽しさや力強さとして重要視されている特性です。

　米国を自動車でなく二輪車で東西に横断するのは、年齢を重ねた余裕のある米国人の憧れともいえる楽しみであると聞かされていました。奥様を後ろのシートに載せて、何か月間かけて横断するというのは開拓時代の郷愁なのかとも想像しますが、米国で暮らしたこともない人間にはすぐに理解できません。大地を二輪車という馬に跨ってオーディオで音楽を聴きながらゆったり、淡々と走る、その時のエンジンに演出できる楽しさとは何でしょうか。

　そのような使い方の二輪車として、水平対向6気筒エンジンを備えた1,800ccの大型二輪車があります。この上なくにバランスの良いエンジン形式です。振動のない滑らかな走行ができると想像します。モーターのような滑らかな走りができるでしょうから、一日中走っても疲れず、そして翌日も疲れることなく走れることでしょう。

　他方で、左右にバランスを取りながら二輪車を操るという楽しさは、単に楽に走るだけでない面白さであって、それにはただモーターのように滑

図表 7-20　ホンダゴールドウイング（水平対向 6 気筒 1,800cc エンジン車/1988 年）

らかに走ることではない、馬に乗っている「地面を蹴る」感覚が二輪車の面白さであるというのも理解できます。それは振動を出すということではありません。振動が出たのでは疲れます。そうでなく「一発一発の爆発を感じる」エンジントルクの地面への伝わり方を感じるということです。スロットル開閉程度によって力強さの感覚が違う、それが面白さと感じられるのです。力強さを感じるとは出力が大きいということではありません。クロスプレーンやV型エンジンによる、燃焼トルクを感じられる走行感覚です。身体は一発一発の爆発を感じているということです。

　五感に感じるという点で、切れの良い排気音は力強さを感じさせます。しかし、世界で最も厳しい騒音規制の国内では、走行時のライダーの耳に届くような排気音は出せません。

　二輪車は趣味性の強い商品です。排気量が大きくて性能測定データの出力は勝っていても、走行して楽しく感じるかどうかは別です。走行時の感覚はエンジン形式で異なります。滑らかな水平対向6気筒にない、エンジンの感覚的な楽しさとしてV型4気筒の強みがあるわけで、クルーザーとしてのジャンルでは、**図表7-21**に示したようなヤマハのV型4気筒1,300cc

図表 7-21　ヤマハベンチャーロイヤル XVZ13D（V 型 4 気筒 1,300ccエンジン車/1986 年）

はホンダの水平対向６気筒1,800ccと商品の双璧にありました。

　実際に体感しないと理解しにくいですが、「走る楽しさ」を感じるのは
モーターのような特性でない、エンジンによって得られるトルク感である
のだということがご理解いただけると嬉しいです。

３．実用的な４サイクルのトルク特性
〜使いやすさは低速トルク〜

　２サイクルエンジンに比べて４サイクルエンジンは、低速トルクが大き
いので扱いやすいエンジンとなります。２サイクルエンジンのような、ご
く低負荷での不整燃焼もなく、スロットル低開度のときにも大きなトルク
を発生してくれるからです。それは、吸・排気バルブを備えて、吸入・圧
縮・膨張・排気の行程が独立して行われるからです。

　扱いやすさという点では、スロットル開度ごとのトルク特性を見てみる
と理解しやすくなります。**図表7-22**に定性的に示しますが、４サイクルで
はピストン下降時の負圧が発生しますが、低回転では時間があるためス
ロットル開度が小さくてもしっかり吸入することができます。トルクは１
サイクルでの吸入空気量によりますから、発進時など低回転でスロットル
開度が小さくても、トルクが得られるのでスタートがしやすくなります。
低速でトコトコ走行することができます。山道などスピードが上げられな
い場所でも、シフトダウンすることなくしっかり上って行きます。「スロッ

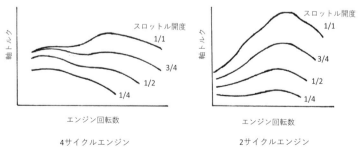

図表 7-22　スロットル開度ごとのトルク特性

トルにまだ余裕がある。力強い！」という感覚になります。

　2サイクルエンジンは、吸気をクランク室に吸入しますが、クランク外周にもピストン裏側にも空間があります。クランク室圧縮比が小さいということを意味します。このため、ピストンが上昇しても負圧は小さく、1サイクルの時間では上昇した体積分だけ吸入できません。スロットル開度に応じた吸入空気量の変化となり、低回転でのトルクが小さくなるため、スロットル開度の小さな発進時では、ゆっくりとクラッチをつないでエンストしないように気をつけながらの運転が必要になります。必要なトルクを得るためにはスロットルを開ける必要がありますが、それで回転数が急変しては発進しにくいですから半クラッチと呼ばれるクラッチを滑らせる時間が長くなります。また、不整燃焼のため低速の走りは得意ではありません。4サイクルに比べて「力がない！」と感じられてしまいます。

　二輪車の場合、スクータではCVTが用いられましたから、2サイクルでも低速でのトルクは問題になりませんでした。むしろ、CVTは最高出力回転数を保って走れるので、ギヤミッション車よりも素早い加速が得られました。CVTは2サイクルと相性の良い組み合わせでもありました。しかし、低速を含めた実用性が必要なギヤミッションを用いたスーパーカブのタイプでは、4サイクルの優位が続いたのはこのような特性の違いもあるわけです。

　2サイクルエンジンで避けられない吹き抜けがないので、4サイクルは燃費が良いわけですが、その代わりにエンジンオイル量の点検や定期的な交換が必要になります。維持費として見れば、両者は合計金額としては大きな違いにはならないのですが、燃費が良いので4サイクルが経済的であるという感覚を持たれます。しかし、125cc以下など小型の二輪車では自動車のようなオイルフィルターの交換が必要となっては、余計な出費と受け取られるので商品として不利となります。このため、**図表7-23**のような交換不要の遠心フィルターによってゴミを分離するようになっています。ポンプから送られたオイルは遠心力によってゴミを外周に押し付

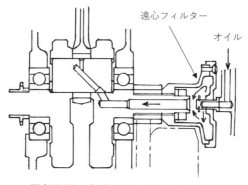

図表 7-23　小型二輪車の遠心フィルター

けて、中心部からの清浄なオイルをクランクピン内部から供給して、コンロッドのニードルベアリングを潤滑します。ここから噴出したオイルによってピストンやシリンダを潤滑しています。クランクもクランクピンも転がり軸受なので、油量は少なくてすみます。軸受寿命はオイルの清浄化の影響が大きいため、遠心フィルターによってゴミを分離しているわけです。ろ紙式フィルターほどろ過効率が良いわけではありませんが、これは小型エンジンでは、転がり軸受を用いているために可能となっていることです。

　簡単な構成ですが、この設計によって油温も上がる空冷エンジンの軸受寿命を延ばして、長寿命が求められる東南アジアなどでの耐久性評価を高めることに貢献しています。

4.1 スロットルと多連スロットル
　　〜目的による〜

　自動車のエンジンでは、4気筒でも6気筒でも通常スロットルバルブは1つです。スロットルバルブの後にコレクタと呼ばれるチャンバがあり、そこから吸気管が吸気ポートにつながっています。

　二輪車のスロットルバルブは各気筒ごとに1つずつ設けられており、吸

気ポートの近くに配置されています。

　これは求めるエンジン特性の違いによるものです。かつて自動車のエンジンでも、出力を狙ったスポーツタイプのエンジンでは多連スロットルが用いられたものがありました。

　自動車では、長期間にわたって安定した運転を可能とし、規制の厳しい排気ガスの劣化を抑えることは絶対の条件です。ほとんど使うことのない高回転高負荷でなく、スロットル低開度の実用域で各気筒が均一に吸入して、同じように燃焼できることが必要です。スロットル低開度では空気量が少ないのでコレクタ内の抵抗も少なく、従ってコレクタを介して各吸気管が均等に吸入できます。噴射される燃料は各気筒同じですから、同じ空燃比が得られることになります。吸気バルブからスロットルバルブまでの容積が大きいので、各気筒が低負荷の少ない吸気量を吸入すればよい運転では吸気負圧が大きくなります。この負圧を利用してブレーキの倍力装置の圧力源としていました。吸気管容積が大きいので、低いスロットル開度では吸入空気量が増え、力強い運転感覚とできます。

　１スロットルは、吸気バルブからスロットルバルブまでの容積が大きいので、スロットルを急開したときに負圧が小さくなって吸入空気量が増えるまでの遅れによって回転レスポンスが遅れること、高回転ではコレクタを流れる空気流は気筒間で異なるので空気量は違ってくることなどありますが、それは長期間にわたって劣化のない安定した性能が求められること

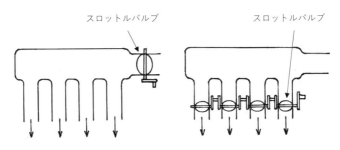

図表 7-24　１スロットルと多連スロットル

を優先するためです。

　二輪車では鋭いスロットルレスポンスや高回転高出力が求められます。吸・排気カムの作動角は大きく、バルブオーバーラップも大きく設定されることになります。すると、低回転では排気ガスが吸気ポートに逆流してきます。排気の背圧が吸気圧より高いので当然です。吸気の中に排気が逆流してEGRがかかることになり、特にアイドリングなどでは運転が不安定になります。吸気バルブ閉後の吸気管負圧を、次の吸気バルブ開までの間に大気圧近くに高めると、排気の量を低減できます。このため、吸気に持ち込まれる排気ガス量を少なく抑える必要があり、吸気バルブからスロットルバルブまでの容積を小さくするために、多連スロットルとして各気筒ごとにスロットルバルブを設けているわけです。かつて750ccの二輪車が登場したとき、「4気筒、4キャブ、4マフラー」がアピールされましたが、4キャブは上記の必要性があって採用されたものです。自動車のスポーティグレード用エンジンに多連装キャブが用いられたのも同じ目的です。吸気抵抗を減らすだけではありません。

　吸気バルブからスロットルバルブまでの距離を縮めて吸気管容積を小さくすると、アイドリングなどでの燃焼が改善されるためHCも低減します。**図表7-25**は、吸気バルブからスロットルバルブまでの容積を変え、圧縮行程での燃焼室内ガスを数回転に1回、電磁バルブを開いて抽出した時のCO_2濃度とEGR率を示したものです。容積が大きいと吸気中に排気が増加していることが確認できます。多連スロットルの効果を高めるためには、吸気管容積を減らした設計をすることが大事となります。

　1スロットルは吸気バルブからスロットルバルブまでの容積が大きいので、低負荷での吸気管負圧が大きく、バルブオーバーラップで持ち込まれる排気が多くなります。そのため、オーバーラップを小さくしたバルブタイミングを設定して、安定した運転を可能にしています。

　しかしながら多連スロットルでは、アイドリングなど低負荷でのわずかなスロットル開度の違いでも気筒間の吸入空気量のばらつきが発生しま

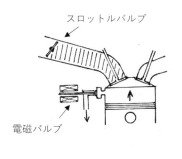
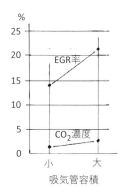

スロットルバルブ

電磁バルブ

EGR率

CO_2濃度

小　　　大
吸気管容積

図表 7-25　吸気管容積と燃焼室内残留ガスへの影響

す。アイドル不安定や排気ガスの悪化を招きますから、ばらつきのない同調状態を維持するためにしっかり調整・メンテすることが必要となります。

5. 負荷によって異なる回転変動
〜エンジンは滑らかには回らない〜

　エンジンは1サイクルの間で回転が変動します。同じ回転数であっても、スロットル低開度の無負荷状態でエンジンが軽く回っている状態と、全負荷でスロットルを全開にしてエンジンがガタガタ回っている状態とでは、回り方が違います。回転変動の大きさです。

　そもそも、動力を発生しているのは膨張行程で、排気、吸入、圧縮行程は惰性で回っているのですから、当然ながらそのようになります。スロットル低開度では吸入する空気量は少なく抵抗となる圧縮圧力も低くなり、膨張での爆発圧力も小さいので加速させる力も小さく、そのため円滑に回転できます。

　高負荷になると、吸入する空気量は増え、圧縮圧力が高くなるので回転の抵抗となるため回転が遅くなり、続いての膨張行程では一気にピストンを加速させるので速く回転します。そのため、圧縮から膨張行程での急激な回転変動が発生することになります。ガタガタ回っていると感じられる

わけです。このように負荷によって回転変動が異なってきます。

　動力として回転が必要な機器であれば、回転変動は問題になりません。しかし、回り方が問題になるものもあります。携帯型エンジン発電機が該当します。

　エンジン発電機はクランクに直結して発電機を回転させています。60Hzであれば3,600rpmでエンジンを運転します。しかし、上記のように1サイクルの間で回転が変動するので、きれいな交流電圧波形の電気とならないのです。電灯を点けたりモーターを回す程度であれば問題はありませんが、パソコンや精密機器、電子機器の電源としては電気の質が悪くて使えなくなります。

　発電所ではタービンで発電機を回して発電していますから、変動のない回転によってきれいな正弦波の交流電圧波形が得られます。小型のエンジン発電機の動力は単気筒エンジンですから、質の良い電気を得るには回転変動は避けて通れない問題となります。2回転のうちの4分の1回転だけ動力を発生するのですから、滑らかに回らないのはエンジンの宿命です。

　そのため、小型のエンジン発電機はインバータ式になってきています。直流で発電してインバータで交流に変換するため、きれいな正弦波形が得られます。しかも、一定回転数で運転する必要がないので、小型のエンジンで回転数を上げて高出力電流に対応することもできます。電圧波形を**図表7-26**に示します。

　エンジン回転のうち、最も回転が遅くなるのは圧縮行程の上死点近傍です。**図表7-27**に示したように、1サイクルにおける上死点近くの所定角度を回転する時間が低負荷ではaのように短く、高負荷ではbのように長くなります。ですから、1回転におけるこの位置の所定角度での時間を測定すれば負荷を検出することができるわけです。通常、負荷はスロットル開度センサで検出しますが、それを用いなくても良くなるわけです。小型の単気筒などのようにコストが厳しくてスロットル開度センサが使えない場合でも、広い運転範囲で負荷と回転数から最適な点火時期を設定すること

ができます。

　余談ですが、エンジン発電機として非常用に適したものとしてガス燃料を用いるものがあります。カセットボンベを用いるのでガソリンのような変質がないため、いざというときに確実な運転ができます。タクシーではLPガスを用いているので、その成分でもあるブタンガスでも燃料として問題はありません。いくらか出力は低下しますがノッキングしにくいので、コージェネ用ガスエンジンでは圧縮比を上げて熱効率を高めています。ただ、携帯型発電機用ではエンジンは汎用エンジンのままで燃料系の変更のみで対応したものとなっています。

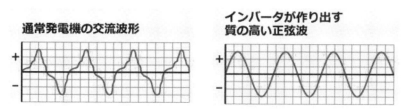

図表 7-26　交流電圧波形の比較

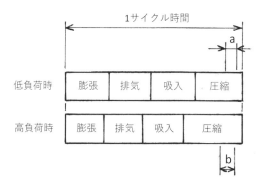

図表 7-27　1 サイクルあたり各工程の時間

6．クランクケース過給エンジン

～過給機不要の究極簡単過給～

　出力を上げるための手段のひとつに過給があります。吸気密度を上げるためにはターボやスーパーチャージャーを用います。しかし、小型単気筒のエンジンに適用しようとすると、ターボもスーパーチャージャーも効率が悪くなるので難しくなります。小型になると効率が悪くなるのはエンジンでなくても同じことです。

　過給機を用いずに低コストで何とか出力を上げたいと、これまでクランクケース過給が考えられてきました。4サイクルは2回転で1サイクルですから、クランクケースに吸入させてから吸気につなげば、ピストンの2回の往復によって行程容積分よりも多くの空気を送ることができるはずです。従来技術で実現できるだろうと、ずっと昔からいろいろ考えられていたものです。**図表6-17**で示したものと構成は同じです。これで過給できそうに思います。

　しかし、成功した例は少ないです。模型飛行機用エンジンに適用した例はありますが、大きく性能向上したというほどではないようです。

　十分な空気量が送り出せないのはクランク室圧縮比が小さいからです。ピストン裏の空間や、クランク外周にバランスのために設けた空間によって圧縮比が上がらないからです。そのため吸入する空気量も少なくなり、圧力は上がらないので過給として使えないわけです。

　従来から**図表6-17**以外にも同様なものが多く提案されています。いずれのクランクケース過給についても考え方自体は間違っていないのに期待した効果が得られていません。それは期待した空気量が得られないからであって、原因はクランク室が圧縮比を高めるように考慮されていないからです。

　クランク室を過給ポンプとして使うためには、クランク室圧縮比を上げることが必要です。具体的にはクランク室容積をできるだけ減らすことです。

そのため、コンロッドを仕切弁として機能させ、ピストン裏も埋めてクランク室容積を極限まで減らして、圧縮比を上げるようにしたものが提案されています。**図表7-28**に示すものです。クランク室圧縮行程の最後にはほぼ容積ゼロとできることで、確実に空気を送り出せます。とても面白いアイデアです。これなら理論的には２倍の空気量が得られます。ピストン裏やクランク部分の外周の隙間を埋めることが必要ですが、樹脂を用いて質量増加を少なく抑えています。クランク室への逆流を防ぐために吐出側に一方向弁を用いています。構成としては簡単で、新たに追加する部品も少なくて実施できます。技術的には従来技術で可能ですから、50ccなど小型エンジンへの適用がやりやすそうです。（特開平10-8975）

　機械的過給といえばルーツブロワやスクリュコンプレッサなど、過給機を後付けするものしかありません。それではコスト的に成立しないのが小型エンジンです。過給機も小型では効率が上がりにくくなります。そのためにクランクケース過給はこれまで多くのやり方が考えられてきましたが、クランク室圧縮比を効果的に高めるものでなく、従って効果の出せるものでありませんでした。上記の方法はそれを打破した技術です。

　商品化に際しては過給が求められるのはどのような用途であるかが問われます。排気量に制約があるなかで出力が要求される用途には可能性があ

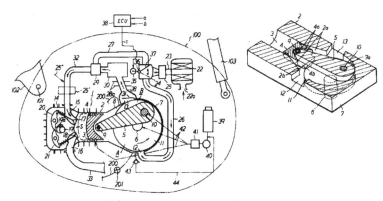

図表 7-28　クランクケース過給エンジン

ります。その上でコストアップの程度が考慮されます。排気量に制約がない場合でも、過給によって出力を向上させても、同じ出力で排気量が大きなエンジンと比較してコストが同じなら優位性は低くなります。価格の絶対値が低い小型エンジンで過給が商品として実現しにくいのはこのような理由からです。

7．狭角V型エンジン
〜小型化の究極だが〜

　エンジンの小型化、軽量化の要求はいつの時代でも同じです。車両の総合性能を高めることができます。一方で高出力のために排気量が大きくなるとシリンダ数が増えます。直列6気筒をFF車のために横に搭載しようとしても、全長が長いため苦労することになります。というか、小型車には無理です。V型エンジンではどうかというと、バンクの角度が大きいため、これを横に載せると前後が長くなります。前後に出る排気管からの遮熱のためにも隙間が必要となります。

　衝突時のクラッシャブル長さは必要ですから、結果的にボンネットが長くなるとか、フロントヘビーになるなどの問題が生じてきます。

　そのため、V型のバンク角度をシリンダ下端が干渉しないだけの隙間を取った上で狭い角度で配置することによって、各バンクのシリンダを一体として、さらにシリンダヘッドまでも一体とする配置が考えられました。エンジンの一側を吸気にして他側を排気にできるので、構成としては直列エンジンになります。フォルクスワーゲンが高級車分野に進出するに際して、ベンツやBMWとの差別化を図るために採られた形式であるといわれています。1991年に登場したものです。V型直列ということからVR型と呼ばれています。

　ゴルフに搭載する6気筒をはじめ、高級車用としての8気筒や10気筒など、VR型にすると圧倒的に小型にできます。12気筒などは、VR6気筒をV型に配置したW12の構成によってかつてない小型化が実現されてい

ます。小型になることでシリンダブロックの剛性も上がり表面積も小さくなることから、静粛性に優れるであろうという点なども評価されました。

　エンジンの一側が吸気とでき他側を排気とできる構成は、FF用はもちろん、FR用としても搭載するのにとても楽な構成です。軽量で前後重量バランスも良くなるので操縦性も向上するでしょう。うまい構成であるように思います。**図表7-29**に示します。

　一体のシリンダヘッドとするためにバルブ角度には制約が生じます。左右バンクで吸排気バルブの挟み角度は同じにできても燃焼室形状は左右バンクで違ってきます。また、吸気ポートの長さが違うので燃焼室に入る混合気の温度も違ってきます。出力が違ってくるということです。排気ポートの無用な長さは、シリンダヘッドを加熱して排気ガス温度を低下させるため浄化率が低下します。シリンダ軸心に対する吸気ポートの角度が異なるので、吸気によるシリンダ内の流動状況は異なってきます。燃焼状態が異なってくるということです。リーンバーンは考えられません。ピストン頂面は斜めになるのでピストンの側圧が増します。さらに、吸排気バルブはバンクごとに長さが違ったものになります。吸気バルブに対して同じ位

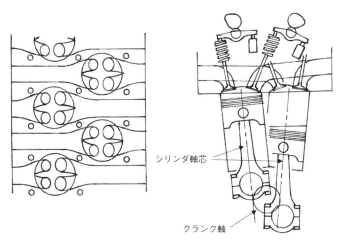

シリンダ軸芯

クランク軸

図表 7-29　狭角 V 型エンジン

置で燃料噴射するためにインジェクターも異なったものになります。

　シリンダ軸中心線がクランク軸中心上にないので、片側バンクでは正の
オフセットでも、他方のバンクで負のオフセットになります。**図表2-35**
に示したものとは逆に、他方は摩擦損失を大きくする配置になるわけで
す。そもそも、ピストンが斜めに押されるわけですから、オフセットがど
うなのかはあまり関係ない程度なのかも知れません。

　左右バンクで出力の違いはあっても、過給すれば出力は得られます。排
気ガスは三元触媒で対策できます。熱効率は特に高い数値が得られなくて
も、車両用として他のレイアウトで得られない小型、軽量エンジンは、先
行他社との違いが出せる優位性を得られる構成だという判断だったので
しょう。

　求められる機能のうち何を優先するかはメーカーの個性になります。競
合との関係によって狙いどころを違えることが必要になるからです。各社
はそれによってこだわりを持った特色のある商品を提供しています。高級
車用であっても小型、軽量だけに絞ることのない、日本の自動車メーカー
にはないエンジンです。

　小型、軽量という機能は自動車用として魅力的ですが、必要なのはその
時代に求められる機能にどれだけ適合させるかです。そこで一歩前に行け
ることが重要になります。

8．水噴射エンジン
〜水で冷やして効率向上？〜

　水噴射とは吸気ポートから水を噴射するものです。水の気化潜熱によっ
て燃焼室内の温度を低下させて、ターボエンジンが加速時にノッキングを
抑えるために点火遅角することによって燃費が悪化していたのを防いで、
加速と燃費を良くする狙いのものが2016年にBMWから市販されていま
す。専用の水タンクに蒸留水を入れて使用するものです。特に高回転・高
負荷での効果が高いとされています。

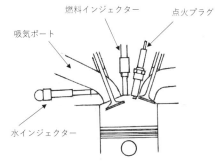

図表 7-30　水噴射エンジン図

図表 7-31　BMW M4GTS（水噴射エンジン搭載車 /2016 年）

　国内では、内閣府の戦略的イノベーション創造プログラム「革新的燃焼技術」で、超希薄燃焼と水噴射を用いる研究が行われています。超希薄化・高圧縮比化の高効率化に加え、ピストン頂面への水噴射による遮熱によって冷却損失の低減を図るものです。

　燃焼室内に直接噴射された水が水蒸気となって吸気タンブル流によってピストン頂面を層状に覆う「層状水蒸気遮熱」によって、ピストンへの熱伝達を抑制する効果を狙うものです。単に水噴射しただけではガス温度低減による冷却損失低減だけですが、水蒸気によるピストンへの遮熱を狙っているものです。超希薄燃焼における燃焼を悪化させることなく、層状の水蒸気によるピストンへの熱流束の大きな低減効果が確認されていると2019年に報告されています。

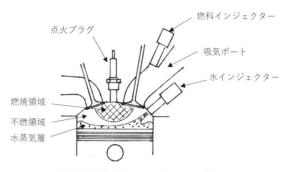

図表 7-32　ピストン表面への水噴射

9．水素エンジン
～究極の排気ガスなしエンジン～

　トヨタ自動車が2021年4月に水素エンジンの開発に取り組むと発表し、5月には24時間耐久レースに出走し、そして実際に完走してみせたのは大きなニュースでした。

　「脱炭素」を目指す手段はEVだけではないわけです。水素を燃料とするエンジンは燃料電池（FCV）以外に選択肢が増えることになります。化学反応ではないのでFCVよりも低純度の水素が使用でき、コストを下げられるメリットがあります。

　水素エンジンは1970年代に武蔵工業大学（現：東京都市大学）で研究されていて、その後、1990年代にマツダで水素ロータリーエンジンが開発されたという歴史があります。

　水素を充填する高圧タンクの安全性が必要なこともちろんですが、エンジンの技術上の課題はバックファイアと冷却損失であるとされています。

　バックファイアは、吸気バルブが開いたときに吸気管内の混合気に着火して、火炎が吸気ポート側に逆流する現象として知られています。水素エンジンのバックファイアは、水素と空気の混合気がバルブなどの高温部に

接すると自着火してしまうことによるものです。可燃範囲の広い水素のデメリットともいえます。

　冷却損失は、水素の燃焼速度が速いため、火炎が燃焼室壁面に衝突して表層の混合気まで良く燃え、表面の温度境界層が薄くなり、燃焼熱が燃焼室に逃げてしまうからであるとされています。

　そのため、水素ガスを予混合しないで燃焼室に噴射しながら点火して、燃焼火炎が燃焼室に衝突しないようにする、噴流火炎の拡散燃焼が一つの方法であるとされています。燃焼室に水素ガスを噴射して、間髪を置かず点火するということです。直接噴射によって予混合しないためにバックファイアが生じにくくなります。気体燃料なので、初期のガソリン直接噴射のようなインジェクターからの燃料で点火プラグに煤が発生する問題は発生しません。

　トヨタ自動車の水素エンジンについて、詳細が発表されていない段階での想像ですが、過去のマツダの例も参考にして、**図表7-36**のような構造ではないかと考えられます。

図表 7-33　トヨタ水素エンジン図

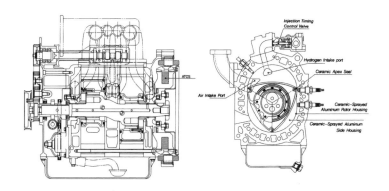

図表 7-34　水素ロータリーエンジン図

図表 7-35　マツダ HR-X（水素ロータリーエンジン搭載車 /1991 年）

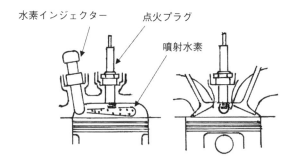

図表 7-36　水素エンジンの燃焼（想像）

第Ⅷ章

今後の動力源

1. 電動車用エンジン
～補助動力の重要性～

エンジンだけで走行する車両以外は、何らかの形で動力に電気を使用することになり、これを電動車と呼びます。「2040年までにEVとFCVだけにする」というメーカーはともかく、「2040年までに電動車両を100%にする」という、現実的な選択をする多くのメーカーはエンジンを廃止するといっているわけではありません。EVを含めた電動車としてHEVやPHEVが該当するのはもちろんです。エンジンとモーターとの役割がどのようであるかの違いだけです。では、目的によってエンジンに求められる機能はどのようなものでしょうか。

HEVは燃費改善だけでなく、モーターでアシストすることによって加速が良くなるので、スポーツカーにも用いることができます。ホンダCR-Zはハイブリッドスポーツ車であったし、ホンダNSXはエンジン出力はもちろん、独自の後輪トルクベクタリングも加えて、世界最高のハイブリッドスポーツカーと認められていました。トヨタはハイブリッド車を用いて世界耐久レースで連勝しています。

スポーツカーでなくても、ヤリスはハイブリッドで小型ながらスポーティな走りと燃費の良さが欧州でも認められて、高いシェアを得ています。

日産はe-POWERモデルにターボ付き1,500cc、3気筒のVCR（可変圧縮

比）エンジンを搭載し、通常運転時には圧縮比を14として熱効率を上げ、高速走行時には8に圧縮比を下げ、ターボによって1回転当たりの空気量を増やして出力を上げることで、高速走行時にも回転数を抑えることで静かな走行を可能としています。今後、リーンバーンを採用することによって通常運転での燃費改善が図られると考えます。VCRエンジンは高回転では摩擦損失が大きくなると予想されるので、回転を上げずにターボでトルクを上げることが効果的です。シリーズハイブリッドのため、高速走行時には特にエンジンの燃費を改善することが必要になるので、そのためにもターボは必要な手段と考えられます。

　エンジンの燃費の良い運転領域を使うことができるようにするには、回転数を大きく変化させないで回転範囲を絞って運転することです。それには変速範囲の広い自動変速機との組み合わせが必要になります。高効率で広い変速範囲を実現したトヨタのTHS Ⅱや、ホンダの2モーター式は優れたシステムです。

　今日のHEVは単純にパラレルとかシリーズとかで区別できない、高度なシステムとなっています。燃費だけではない、HEVによって可能な運転を実現しています。個々の技術でなく、エンジンとモーターをどのように協調させて制御するかが重要です。今後、電池の低価格化も進むと考えられ、電池容量が増すとHEVのモーター走行割合が増してくると思われます。

　基本的に、HEVのエンジンは無負荷運転はありません。停車していてもエンジンを運転する場合は、電池容量が低下した場合の充電のためのものです。他にも、実走行時を考えると定常状態だけでなく、無駄な運転を減らすことも重要です。例えば、エンジン冷機始動後の冷却水温が低い時には、燃料をリッチ側に増量する必要があります。その状態で停止するとプラグに煤が付いて再始動が困難になるので、電池が満充電に近い状態であって充電する必要がなくても、一定の水温に達してリッチにする必要がなくなるまで連続運転します。従来でいうところの暖機運転です。この時

図表 8-1　ホンダ NSX（3 モーターハイブリッドシステム搭載車 /2016 年）

図表 8-2　ル・マン 24 時間レース 5 連覇のトヨタ GR010 HYBRID（2022 年）

図表 8-3　日産キャッシュカイ（欧州向け VCR 搭載車 /2021 年）

間を短縮するため、**図表8-4**に示したような、前回走行した時の温まった冷却水を真空で断熱した保温槽(魔法瓶)に溜めておき、次回の始動時に冷却水を温めるように使うものが、2代目プリウスの北米仕様に使われました。

　冬季には暖房を使用しますが、熱源はエンジン冷却水温です。街中走行ではHEVは頻繁にエンジンが停止しますから、水温が上がりにくくヒーターの利きが遅くなります。停車時でも冷却水温を上げるためだけにやむを得ずエンジンを運転する場合が発生します。従来はエンジンの廃熱で十分に上がった水温を、HEVでは水温を上げる運転をヒーターのためにすることになるわけで、確実に燃費を悪化させます。このため、3代目プリウスでは**図表8-5**のような排気の熱による冷却水の加熱が採用されました。

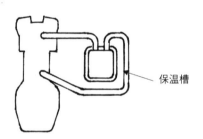

図表 8-4　冷却水の保温

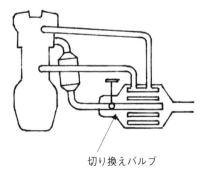

切り換えバルブ

図表 8-5　排気熱による冷却水温制御

触媒後の排気流れを制御して水温加熱の有無を行うようにしています。無駄な運転を減らしながら、急速な水温上昇を図るものです。冷却水はエンジン冷却のためだけでなく、冷機時にエンジンを加熱して早期に正常運転に移るためのものという見方になります。

　これまでHEVのエンジンは、吸気バルブタイミングを遅らせてポンピングロスを減らす、燃費を優先した仕様となっていました。エンジン走行時の燃費をガソリン車以上に良くするためです。現在はエンジン単体としての熱効率向上だけでなく、車両全体を考えての燃費改善という見方になっています。今後もエンジンとしてはこれまでのように熱効率改善が続くでしょう。商品としてはモーター走行で静かで快適な走りを維持するため、エンジン走行時の振動や騒音をさらに低減することも求められると思われます。日産のe-POWERがロードノイズの静かな走行条件ではエンジン始動を遅らせ、タイヤからの騒音が大きな走行条件では積極的にエンジンを始動させていますが、これも快適な走行のための一法です。

　高速道路での走行では、エンジンは効率の良くなる運転ができ燃費が良くなりますが、EVは走行抵抗の増加に伴い電費が悪化して走行可能距離が短くなるだけです。現状のバッテリ容量や充電時間を考えればHEVやPHEVが現実的であるとの考えはもっともです。補助金によってEVの購入時価格がHEV並みになっても、充電に要する時間が短縮できないと、購入したユーザーの満足は得られないかも知れません。充電ステーションを増やすことだけでこと足りるとは思えません。

　EVにおける電欠の心配を補うものとして、レンジエクステンダーがあります。簡単にいえばEVに発電装置を搭載したもので、具体的にはエンジンと発電機となります。アメリカのカリフォルニア州大気資源局の定義では、レンジエクステンダーは外部充電による走行距離が75マイル以上であり、補助動力装置による走行距離が外部充電以下の走行距離であることとされ、バッテリの電力が低下するまで作動してはならないとされているものです。あくまで補助としての発電の目的ですから、エンジンは小型

のもので構わないわけで、高速道路で走行できる速度が低下するのを許容するものです。ただし、専用のエンジンを使うまでには及ばないと考えられます。レンジエクステンダーがもたらす価値はEVの電池改善次第という見方もできます。

　電動車というと電池が主であってエンジンは従である印象を持ちますが、電池の進化により、充電の手間がガソリンスタンドでの燃料給油の簡易さ程度にならない限り、電動車におけるエンジンの重要性は低くはならないでしょう。

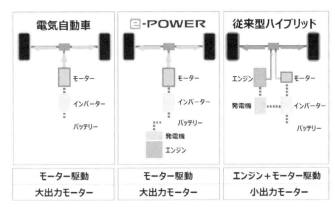
図表 8-6　日産 e-POWER（動力システムの比較）

図表 8-7　BMW i3（レンジエクステンダー搭載車 /2013 年）

2．適者生存
〜ニーズを創り出す〜

　本当にEVだけでカーボンニュートラルを実現できるかというと、実態を見れば不可能と考えられているため、e-fuelの開発が世界で相次いでいます。これはCO_2をCOに変換しH_2OをH_2に分解して、合成した炭化水素である液体燃料とするものです。現状は水素の価格が高いため普及は望めないですが、今後の開発でガソリン並みとすることを目指しており、エンジン用燃料として重要な選択肢と考えられています。

　かつて排気ガス対策が実施され始めたころ、厳しくなる規制に対応するには触媒の採用が不可欠なことから、触媒の被毒をなくすために無鉛ガソリンが供給されるようになりました。米国自動車業界からの要請に石油業界が対応して、世界中の石油業界が無鉛ガソリンに切り換えたわけです。

　既に流通されている自動車のために、有鉛ガソリンも併売されるため、石油業界の負担は大きかったことと想像します。それでも無鉛ガソリンを導入して大気汚染の対策に取り組んだわけです。

　脱炭素のためにe-fuelを導入することは、現在のエンジンが使えることから、最も簡単で効果的であるように思われます。低価格なe-fuelの開発の進展に期待するものです。

　ただ、欧州では2035年には走行中にCO_2排出量ゼロの新車しか販売できないことになっているため、カーボンニュートラルなe-fuel燃料のエンジン車でも販売できないことになります。ただし、今後の進展によってカーボンニュートラル燃料の是非が議論されるだろうとも考えられます。

　水素の供給施設増設には大いに期待したいと思います。タクシーやトラックがEVにできるかというと、航続距離の短かさと電池質量の増加は、商用車にとっては選択肢に入らない可能性が大きいと思います。タクシーのためにLPGスタンドがあります。同様に、水素スタンドの増設はFCVだけでなく、水素エンジン車にとっても不可欠です。先を見た国家戦略が求められるものです。

都市部以外では生活の足として自動車が不可欠です。ところが、燃費が改善されてガソリンスタンドの売り上げが低下したため、町に一つしかなかったガソリンスタンドが廃業してしまった。おかげで30分もかけて隣の町まで燃料を入れに行くという事態も起きています。使われている自動車の多くは軽トラックで、1日に長距離を走行するわけではありません。日常の足としての交通手段ですから、そこでは高級なEVの仕様が求められているわけではありません。航続距離が重視されているわけではないですから、EVが導入しやすい環境であると考えられますが、普及のためには夜間に家庭で充電できるなどの、簡単な電池の取り扱いが求められるように思われます。

　全固体型電池など新しい電池によって、ガソリン給油並みの時間で充電できるようにならなければ、EV一辺倒とはなりにくいでしょう。EVの優位な使い道から適用を探ることです。今までも小型はガソリン、大型はディーゼルでした。これからも適者生存です。

　今後の動力源としての条件は**図表8-8**に示されるものと考えます。規制によって無理にEVに仕向けるようなことをして、無駄なことをしたものだと将来になって評価されることのないような判断をすることです。

　カーボンニュートラルに向けての話ばかりが賑やかですが、本来クルマは運転することの楽しみがあるはずです。テスラはOTA（Over The Air）によるソフト更新でクルマの性能を改善するサービスをしています。国内でも2021年にマツダがソフトウェアを更新して、初期モデルのエンジン

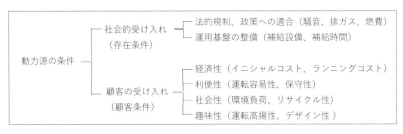

図表 8-8　動力源の条件

図表 8-9　マツダスピリットアップグレード（制御プログラムの最新化サービス/2021年）

性能を向上させるサービスを行いました。アクセルを踏み込んだ時の応答性や力強さが向上し、加速が良くなるなど、後期モデル並みの性能が実現され、初期モデルを購入したユーザーに応えるというものです。

　情報の送信は一方向ですが、クルマから情報を取りに行くことができれば、例えば、普段の街乗りでは燃費重視であっても、休日にワインディングロードで走りを楽しみたいときにはエンジンやシフトの特性をスポーティ寄りに変更するなどの、異なるキャラクター付けができます。エンジンやシフトの特性を変更して運転の魅力を高めることができるのでないかということです。現状の車載のエコノミーモードやスポーツモードの選択でなく、目的地を入力した際の道順に応じた、普段の運転の特性も考慮した特性をソフトによって提供するというものです。単なるアイデアですが、情報技術の進展を考慮した時代の、エンジンによる走りを楽しむ一法かとも思います。個人への対応はサービスの究極です。これまでも、ニーズに応えるだけでなくニーズを創り出してきました。現在はその機会がより求められている状況です。

3．EVは成長期への移行が可能か
～理想性を考えてみる～

　技術は進化しますが、技術の進化は一見無秩序のように見えても実は規則性を持っていて、あらゆる分野において同じパターンで技術進化が起こっていることが知られています。**図表8-10**に示すように、生物学的システムと同様に、技術はあらゆる分野においてS字曲線で示されるパターンに従って進化するということです。技術システムを代表する技術パラメータは、幼少期、成長期、成熟期そして衰退期で表されるように遷移します。

　技術が進化するにはそれを必要とする環境や背景がありますが、技術の進化は人によって意図的に変えられるものではないことが知られています。そして、やがて新しいS字曲線で示される技術に置き換わるわけです。あらゆるものにこのような技術進化の普遍性があることが知られていますから、そのときになって気づくのでなく、将来の技術システムの進化に乗り遅れることがないようにすることが必要だということです。

　例として音楽の再生を見てみます。録音・再生ができるようになったのはエジソンの発明による蓄音機です。当時はどのような音質であったか想像もできませんが、その後一般に普及するようになって音楽を聴くために用いられたのはレコード盤でした。レコード盤の溝の凸凹を針で検出した振動を電気信号に変換して音楽を再生するものでした。音の忠実な復元・

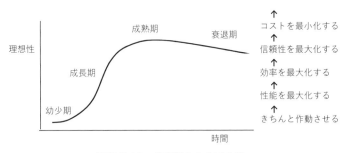

図表 8-10　技術進化のS字曲線

再生のため針による振動の検出やスピーカーの音域が重要でした。レコード盤の埃の除去や針の定期的交換も必要でした。針飛びを防ぐために据え置きで使うことが前提で、音楽は静かに座って聴くものでした。

　その後、テープレコーダーの出現により自由に録音・再生することが可能となりました。ベースフィルムの上に磁性粉を塗布した磁気テープに、電磁石である磁気ヘッドでテープをなぞり、磁性粉の磁石が信号電流に応じて電流として検出されることによって可能となったわけです。そして、カセットテープとなって小型化されて携帯することが可能となり、歩きながらや電車の中、自動車の中などどこででも音楽が聴けるようになりました。これにより生活スタイルが変わったわけです。さらに、繰り返し記録・再生が可能なように伸びないテープ材や、摩耗しない磁性粉が求められました。

　CDになってデジタル技術となります。ディスクに波長780n μ のレーザー光を当てて反射光の強さで"０"と"１"のデジタルデータを読み取ることによって、高密度な情報を記録でき雑音のないクリアな音の再生を可能としました。摩耗や周囲の磁力による音の劣化の問題もなくなりました。

　そして、通信・情報技術によってスマートフォンで、「着うた」などで聴きたい音楽をインターネットからダウンロードして保存することができるようになりました。店に行ってCDを購入する手間や、目的以外の曲を含めて購入する必要がなくなりました。CDを保管しておく必要もなくなりました。通信技術に負っているのはいうまでもありません。

　しかしながら、それぞれのS字曲線で示される技術は**図表8-10**に示すように、最初の機能を保証する段階から価格競争に移って行ったわけです。

　上記の音楽再生の歴史は、**図表8-11**に示したように次々と新しいS字曲線に移って行った様子として表せます。これはハードを中心とした技術からソフト技術による新しい時代に移っていったことを示しており、例えばエネルギーでは、最初は木炭が使われていたものから石炭が使われるよう

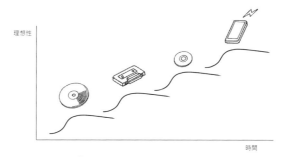

理想性

時間

図表 8-11　技術進化曲線の移行

になり、それが石油になり、ガスが使われるようになり、そして原子力か
らソーラーなど再生可能エネルギーで発電されるようにと変化してきてい
ることが理解できます。

　即ち、この大きな流れを参照することによってシステム進化の全貌を捉
えることができ、現在の位置を見極めることによって、効果的な技術開発
に活かせるということなのです。技術進化の普遍性として、一般的には
19の進化パターンが示されています。

　しかしながら、新しいS字曲線に移行するにはそれだけの魅力のある技
術を伴った商品であることが必要です。解決できない欠点を持った技術や
商品は受け入れられないことを歴史は証明しています。それは理想性を高
めることが続けられ、技術によって世の中の価値観が変わっていったとい
うことです。理想性が増大するように技術が進化してきていると理解され
ています。

　理想性とは、

$$理想性 = \frac{有用作用の合計}{有害作用の合計 + コスト}$$

として表されるものです。概念的ですが、いわんとしていることは「シ
ステムが進化するにつれてシステムはより多くの効用を提供し、不便や不
満を減らしながらコストを下げていく」ということです。既存のシステム

で実現できない有用作用によって新しいシステムが受け入れられ、そして置き換わっていくことが、システムの進化トレンドとなってきたわけです。どうすれば新しい技術進化曲線に移れるかは、理想性の考え方で見ると理解しやすいと思います。

　プリウスが2代目でS字曲線の成長期に移行して、HEVが世界的に認められるようになったのは、商品の理想性が向上したからという見方ができます。圧倒的な燃費と全く普通に使える使いやすさと妥当な価格設定でした。そういう見方からするとEVはどうでしょうか。エンジンに置き換われる圧倒的魅力を商品に感じるならば、EVのシェアは拡がるはずです。航続距離や充電時間の長さが問題と思われないような魅力を持ち、ガソリン代より電気代が安くて、国の補助金がなくても従来の商品と同等な競争力が得られるレベルにならないと、新しいS字曲線の成長期に移行するには難しいように思います。理想性がHEVより高いものだと評価できることが必要です。

　冒頭に述べましたが、中国は国家戦略として新エネルギー車（NEV）規制を設けてEVを優遇しました。CO_2削減を名目に、EV技術で先んじて自国をEVの巨大な市場とする戦略でした。それでも政府が期待したほど市場が伸びませんでした。税金やナンバー取得などでEVを優遇して普及を図っても、思ったように伸びなかったという例があります。

　欧州でも、まだそれほどEVのシェアが大きいわけではありません。高

図表8-12　トヨタ2代目プリウス（2003年）

級車グレードからEVが設定されているのは、電池価格が影響しにくく、EVを受け入れる社会的地位のある環境意識の高いユーザーが対象なのかも知れません。

　くり返しますが、技術の進化は人によって意図的に変えられるものではないといわれています。政治的な思惑も、ここでいう「人」と考えてよいのではないかと思います。

　日産が2010年からEVに力を入れてきたものの、思うように販売が伸びず、EVの普及にはまだ時間がかかると判断したためでしょうか、VCRエンジンを導入してHEVにも力を入れてきています。

　それを脱炭素の名のもと、次世代の自動車の主導権を得るために、欧州が政治的に国を挙げてEVにシフトしているように感じます。「敵は炭素であり、内燃機関ではない。山の上り方（炭素中立に向けた道筋）は1つではない」というトヨタ社長の正論が無視されるような、EVでの主導権を得るための欧州での官民一体の取り組みに見えます。ところが、電池は多くが韓国や中国メーカーが握っています。泥縄式に欧州に電池メーカーを誘致しようとしています。

　現在はまだS字曲線の幼少期であっても、いつEVが成長期に移行するかは誰にも予想できません。その時に後れを取ることのないように、車両開発だけでなく電池工場の建設を含めて、日本メーカーも対応を取らざるを得なくなっている状況です。先行する外国メーカーがEVのメーカーで

図表8-13　日産初代リーフ（2010年）

図表 8-14　トヨタ Woven City（ウーブンシティ）完成イメージ図

あると市場で認識されて、後発となる日本メーカーが選択肢に入らなくなるのではいけないわけです。

　また、EVとなると技術的なしきい値が下がるため、通信などの新たな企業が参入の意志を示しています。事故低減や自動運転などの開発には、レーザーレーダーなどに代表される新たな検出技術や解析技術に加え、深層学習といったAI技術や通信技術など、CASEを実現する新たな技術が求められています。デジタル化やソフトの強化が加速しており、ソフトを中心にものづくりを変革するソフトウェアファーストの考え方となってきています。

　このような、分野の異なる競争相手は今までの競合先とは異なる強みを持つとともに、自動車メーカーにとっては必ずしも強くない技術分野での競争を強いられることになるわけです。その結果、開発に先行できなかったらどうなるか。スマートフォンがそうであるように、CASEによって自動車は通信技術などソフトが主体となり、自動車メーカーはソフトを持つ通信会社のための道具の提供という立場になってしまう、そんな恐れがあるわけです。

　現在でも自動車は走る通信機器となっているように、もはや従来の自動

車会社同士の競争ではありません。現に、緊急通報（eCall）システムの特許を使う場合に自動車1台当たり数ドルの特許ライセンス料を支払っているわけです。従来のものづくりで考えているレベルから見ると法外な料金です。これは自動車業界に限ったことでなく、今後5Gの浸透とともにあらゆる産業が否応なく通信技術を活用することが求められるようになるわけで、その時に通信業界とクロスライセンスできるような特許も持たないと、どうしても相手有利にコトが進んでしまう構図が予想されます。通信会社にライセンス料を支払うために仕事する、そのような状況に陥ってしまうことが容認できますか？　トヨタがあらゆるモノやサービスがつながる実証都市プロジェクトであるWoven City開発に乗り出しているのは、自動車単体を作って販売するビジネスに限界を感じているからでしょう。今後どのように展開が進んでいくか、目が離せそうにありません。

参考資料

粟野誠一『内燃機関工学』山海堂、1958 年

ヤマハ発動機（株）モータサイクル編集委員会編著『モータサイクル』山海堂、1991 年

GP 企画センター『自動車用エンジン半世紀の記録』グランプリ出版、2000 年

瀬名智和『エンジン特性の未来的考察』グランプリ出版、2007 年

『日本マリンエンジニアリング学会誌』第 36 巻　第 8 号

『YAMAHA MOTOR TECHNICAL REVIEW』No.38

『内燃機関』山海堂

『わかりやすいエンジンシステム先端技術』日本機械学会

『学術講演会前刷集』自動車技術会

『ホンダ NR750 取扱説明書』本田技研工業

資料協力（50 音順）

いすゞ自動車　カワサキモータース　トヨタ自動車　SUBARU　日産自動車

ビー・エム・ダブリュー　本田技研工業　マツダ　三菱自動車工業　ヤマハ発動機

おわりに

　戦後の何もないところから、サイドバルブエンジンでとにかく自動車や二輪車を造り始めた日本メーカーが、次第に世界のエンジン技術に追いつき、リードするようになりました。

　例えば、マツダは世界でただ一社、ロータリーエンジンの継続的な商品化を実現しました。ガソリンの圧縮着火を併用する超希薄燃焼も先駆けて商品化しました。ホンダは排気ガス規制に触媒を用いずにCVCCで適合させ、また可変動弁装置VTECで燃費と高性能を実現しました。日産はターボを一般のクルマに適用させました。トヨタは4バルブを一般化しハイメカツインカムで熱効率や運転性向上の基本となる方向性を示し、さらにハイブリッド技術で圧倒的な燃費を叩き出して世界をリードしました。三菱はGDIで直接燃料噴射の効果を示し、世界的な直接燃料噴射技術普及の先駆者となりました。他にも、1958年にホンダが二輪車のレースにおいて世界で最も権威のあるイギリスマン島のTTレースに初出場して入賞を果たし、その後、1960年代の世界二輪車レースに勝利を続けた実績は、当時の日本人に自信と勇気を与えてくれるものでした。また、4気筒の大型二輪車でも世界をリードしました。

　主な技術だけを挙げても、このように世界に誇れる多くの技術が日本メーカーにはあります。新技術開発と、それを実現するたゆみない生産技術や品質保証技術の向上によって、信頼性に対する評価も勝ち得ています。これらは一朝一夕には実現できるものではありません。

　かつて、ある大手電動工具メーカーが携帯型エンジンメーカーを買収して傘下にしたことがありました。自社の商品ラインナップとしてエンジン刈払機なども揃えたかったものと想像します。電動ではどうしても出力と運転時間で勝てないからです。強い営業力でそのエンジン刈払機がホームセンターに並ぶようになりました。しかし、何年か後に買収したエンジンの事業を整理してしまいました。モーターよりも技術開発や製造に手間のかかるエンジンは、やはり一朝一夕ではいかないということだったのでしょう。

　エンジンの開発には、出力や効率以外にも排気ガスや振動、騒音など、モーターにはない多くの項目が必要となります。エンジンの開発には多くのヒト、モノ、カネと時間がかかります。日本のメーカーはどのようにして効率的に実現していくか、長い時間をかけて築き上げてきました。カーボンニュートラルを大義とすると、自動車のエンジン技術には課題が多いため、EVに移行して主導権を得よう、という発想は上記の例に近いように思います。今まで積み重ね築き上げてきた技術をすべて棄ててしまうのは惜しいことです。

これまで、エンジンは存亡の危機ともいえる困難な課題を乗り越えることによって、商品としての魅力を高めてきました。経営の短期的な目標を達成するためでなく、長期的な取り組みを続けてきた結果です。これからもエンジン技術の開発は、新たな課題を作り出し、「理想性」を向上させてゆくことに尽きると思います。これまでもそうであったように、新たな課題を見つけ、乗り越えてゆくことができれば、政治などに惑わされることなくユーザーは正しく理解して、間違いのない選択ができるようになります。

　エンジンが開発されてきた長い歴史をふり返ってみると、馬力や効率のように、向上することが求められる機能だけでなく、機械としての騒音や振動などといった低減することが求められる機能も重要であることが分かります。自動車に限らず、静粛性や快適性を高めることは、商品全体の魅力向上のために大切であり、エンジンに求められる重要な課題のひとつです。これらの技術の変遷についてもいずれご紹介できればと思っています。

　最後に、本書の出版に当たってはグランプリ出版代表取締役社長の山田国光氏、編集に際して編集部の松田信也氏に大変なお世話をいただきました。感謝しお礼を申し上げます。

井坂義治

〈著者紹介〉

井坂　義治(いさか・よしはる)

1946年徳島県生まれ。

ヤマハ発動機入社後、二輪車エンジン設計部門で2サイクル、4サイクルエンジン
の設計に従事。その後、技術開発部門にて排気ガス対策技術開発に従事した
後、二輪車初のV型4気筒エンジンの開発や世界で初めての7バルブエンジンの
開発、吸気制御装置の開発などを担当。これらを通して400件以上の特許を出
願。MC事業本部技術統括部エンジン開発室主管で退職。

退職後は、静岡大学客員教授、静岡理工科大学非常勤講師、(株)アイデアシ
ニアコンサルタント(TRIZ)、小型エンジンメーカー技術コンサルタントとなる。

現在は、中部品質管理協会講師。その他、ASQ(アメリカ品質協会)認定CQE。
著書に『技術者のための問題解決手法TRIZ』『QFDとTRIZ』(ともに養賢堂)、
『製品開発の問題解決アイデア出しバイブル』(日刊工業新聞社)、『第3世代の
QFD事例集』(共著、日科技連出版社)がある。

進化するエンジン技術		
課題克服のための発想と展開		
著　　者	**井坂義治**	
発行者	**山田国光**	
発行所	**株式会社グランプリ出版**	
	〒101-0051　東京都千代田区神田神保町1-32	
	電話 03-3295-0005㈹　FAX 03-3291-4418	
	振替 00160-2-14691	
印刷・製本	モリモト印刷株式会社	
組　版	松田香里